ATLAS ZUR SPURENKUNDE DER ELEKTRIZITÄT

VON

STEFAN JELLINEK

PROFESSOR AN DER UNIVERSITÄT UND AN DER TECHNISCHEN HOCHSCHULE WIEN
LAURÉAT DE L'INSTITUT DE FRANCE · MEMBRE CORRESPONDENT
DE L'INSTITUT NATIONAL GENEVOIS · LATE RESEARCH STUDENT AT QUEEN'S COLLEGE OXFORD

MIT 199 TEILS MEHRFARBIGEN ABBILDUNGEN
AUF 94 TAFELN

WIEN

SPRINGER-VERLAG

1955

ISBN-13:978-3-7091-7846-1   e-ISBN-13:978-3-7091-7845-4
DOI: 10.1007/978-3-7091-7845-4

Vorwort

Die auf elektrischen Stromdurchgang zurückzuführenden Veränderungen der Materie und deren Relation zum elektrischen Prinzip, die durch ihre Übereinstimmung mit den FARADAYschen Symbolen und nunmehr ebenso durch den morphologischen Charakter der poldifferenzierten Stromeffekte kenntlich sind, bilden den Kern der vorliegenden Betrachtungsweise.

Arzt und Techniker finden in den von Unfällen, Blitzschlägen und Experimenten herrührenden Spuren nicht nur Richtlinien dafür, welche Entscheidungen sie in dringlichen Fällen zu treffen haben, sondern auch Hinweise zur Zusammenarbeit auf dem Gebiet des Elektroschutzes.

Dem Naturforscher und Lehrer, nicht zuletzt auch dem Gerichtsmediziner, verschaffen die naturgetreuen Abbildungen Einblick in bisher fremdgebliebenes Naturgeschehen; die konkreten Stromeffekte sind ein anschauliches Requisit, um auch die Jugend mit einer neuen Erscheinungswelt vertraut zu machen.

Die hier zur Diskussion gelangenden Phänomene verdienen von seiten jener wissenschaftlichen Kreise, denen eine Prüfung der empirischen Funde und der experimentellen Ergebnisse überantwortet ist, besondere Beachtung. Ein solcher Appell ist um so gerechtfertigter, als eine Begutachtung durch Physiker und Chemiker für die Klärung des Konnexes einer frischen Traumatisierung mit einem frappanten Wundverlauf, durch dessen Charakter das seit HIPPOKRATES geltende Naturgesetz von den konstanten Heilungsvorgängen durchstoßen erscheint, wichtig wäre; dieser Wundverlauf gelangt in einer höheren Blüte bisher unvorstellbarer Heilungsprodukte zur Reife.

Ein derartiges oder auch nur ähnliches Buch liegt bisher nicht vor, wenn auch schon FARADAY auf die wichtige Wechselwirkung von Strom und Materie hingewiesen hat und auch nachher Forscher wie O. LODGE, N. BOHR, E. SCHRÖDINGER, J. J. THOMSON und in jüngster Zeit L. v. KNEISSLER dafür eintraten, daß dieses Brachland bebaut werde. Es verdient dem Vergessen entrückt zu werden, daß GOETHE aus dem Funde kleinster Holzkügelchen in einer blitzgetroffenen Windmühle eine „gestaltende Tätigkeit der negativen Elektrizität" abzuleiten suchte und seine Betrachtung ausklingen läßt: „Hier wäre Gelegenheit, wo eine Akademie der Wissenschaften fruchtbar eintreten könnte ..." („Naturwissenschaftliche Einzelheiten", 1823).

Schon die ins Unendliche gehende Zahl der Spuren und deren außerordentliche Mannigfaltigkeit — „alle Gestalten sind ähnlich einander, doch keine gleichet der andern" (GOETHE, „Zur Metamorphose der Pflanzen") — könnten sich als Ansporn und Hemmung zugleich geltend machen, wenn versucht wird, irgendeinen Anhaltspunkt zu gewinnen. So erschien es mir geraten, zunächst beachtliche Spuren herauszuheben, mit anderen ähnlichen auf besonderen Prüfständen zur Schau zu stellen und jeden Prüfstand als ein in sich geschlossenes Arbeitsfeld zu betrachten, wenn auch alle Prüfstände und die ihnen adäquaten Kapitel (I bis VII) eine thematische Einheit bilden.

Für die Betrachtung der Kapitel I bis III erweisen sich die Kriterien der FARADAYschen Kraftlinien als naturgegebene Leitmotive. So manifestieren sich manche Spuren schon rein äußerlich als Versinnbildlichungen des Grundproblems „Strom und Materie", wobei sich der Strom wohl nur deshalb als Bildner und Gestalter — inmitten von Traumatisierung — auszuwirken vermochte, weil vermutlich auch die Materie aktiv mit im Spiele war.

Einen Einblick in die inneren Vorgänge vermitteln mikroskopische Schnitte, wo Zellen (Ekto- und Mesoderm) einer blitzgetroffenen Hautpartie Verformungen unterschiedlichen Charakters — gerade und krummlinige Polarisation — erkennen lassen.

Kapitel IV gilt der Verfolgung der Wirkungen der „chemischen Kraft". Hier findet das Studium eine Vertiefung durch das experimentell gewonnene Ergebnis gewebsspezifischer Farbenteste.

Die in Kapitel V zur Erörterung gelangenden poldifferenzierten Stromeffekte — zumal in ihrer Juxtaposition — sind unter allen Spuren vielleicht die bisher lehrreichsten Phänomene. Sie sind der Beachtung bisher entgangen, vielleicht deshalb, weil ihnen die Übereinstimmung mit den FARADAYschen Prinzipien mangelt; wenn aber diesen Spuren auch keine besondere Beschreibung und keine Behandlung durch FARADAY zuteil wurde, so wurden sie doch von ihm erahnt und in ihrer Bedeutung für die Elektrizitätslehre in folgender Weise präludiert: „Die Untersuchung der besonderen und großen Mannigfaltigkeiten ... statt der Beständigkeit im Charakter des Stromes ... verspricht den zugänglichsten und vorteilhaftesten Weg zum wahren und tiefen Verständnis der Natur der elektrischen Kräfte zu eröffnen."

Diese Voraussage scheint in den Experimentaluntersuchungen ihre Realisierung zu finden: speziell das Experiment über die poldifferenzierten Stromeffekte erweist sich als Schlüssel zu fremdgebliebenen Spuren. Dieses Experiment und die mit ihm in voller Harmonie stehenden empirischen Spuren lassen einen neuen Wirkungsmechanismus des elektrischen Stroms erkennen. Es erweist sich aber nicht nur als Schlüssel zum Verständnis der Natur der elektrischen Kräfte, sondern auch als Schlüssel zum Verständnis des Geheimnisses der Struktur der Materie, nämlich der elastischen Substanz.

Der praktische Wert dieser in Kapitel VI erörterten Untersuchungsmethode besteht in der Enthüllung eines Gesetzes der Elastica. Dies betrifft nicht nur eine Vertiefung der direkten Relation zwischen Strom und Materie, sondern auch den frappanten Vorgang, daß bei einer gewissen Dosierung des Stromes die Elastica immediat einen transienten Funktionswandel eingeht und sich bildsam, formbar wie Ton und Wachs, präsentiert; Elastizität wandelt sich in Plastizität, die sich manchmal wieder in Elastizität zurückverwandelt.

Zum Abschluß wird in Kapitel VII auf das Wesen der thermischen und komplexen Spuren eingegangen.

Es ist mir eine Ehre, meinen ergebensten Dank an die Österreichische Bundesregierung zu richten, namentlich an die Bundesministerien für Unterricht (Minister Dr. H. DRIMMEL), für Handel und Wiederaufbau (Minister DDDr. U. ILLIG und Ministerialrat Dipl.-Ing. P. POPPOVIC), für Soziale Verwaltung (Minister K. MAISEL, Sektionschef Dr. A. KHAUM), für Verkehr und Elektrizitätswirtschaft (Minister K. WALDBRUNNER und Sektionschef Dipl.-Ing. R. FÜRST), für die Gewährung von Mitteln zur Beschaffung der Bilder, der Mikrophotographien, Graphiken usw., ferner für Veranlassung von Subskriptionen des „Atlas" als Beitrag zur Deckung der Druckkosten.

Dank gebührt dem Professorenkollegium der Wiener Medizinischen Fakultät und deren Dekan, Prof. Dr. F. BRÜCKE, und den Professoren H. CHIARI, C. CORONINI, W. DENK, B. KARLIK, E. LAUDA, F. REUTER und W. SCHWARZACHER, ebenso dem Rektorat der Technischen Hochschule in Wien (Rektor: Prof. Dr. E. KRUPPA) für das dem Zustandekommen der Drucklegung gewidmete Interesse. Verpflichtet fühle ich mich auch der Direktion des Allgemeinen Krankenhauses in Wien (Direktor: Professor Dr. L. SCHÖNBAUER) und dessen stets hilfsbereitem Stab von Beamten und Angestellten.

Ein wesentlicher Beitrag zur Deckung der Druckkosten wurde erzielt durch großzügige Subskription von seiten des Verbandes der Österreichischen Elektrizitätswerke (Präsident: Generaldirektor Dipl.-Ing. F. HOLZINGER, Geschäftsführer: Dr.-Ing. K. SELDEN), des Fachverbandes der Elektroindustrie, der Österreichischen Verbundgesellschaft, des Hauptverbandes der Sozialversicherungträger und auch meines Freundes Kommerzialrat O. REICHERT (Chef der Optischen Werke C. Reichert); nicht zuletzt auch von seiten der Gewerkschaft der Arbeiter und Angestellten der Gemeinde Wien (Generalsekretär Nationalrat H. PÖLZER).

Als Förderer wären zu bedanken Miss DOROTHY BARNARD, FARADAYS Urnichte, für Schenkung eines Bildnisses und eines Handschreibens ihres großen Vorfahren, und Dr. D. ROBERTSON, Kardiologe des Queen Victoria Hospital, East Grinstead, Sussex, auch Mr. ALEXANDER und der Stab der Radcliffe Science Library, Oxford, für Hilfe beim Studium der FARADAYschen Schriften.

Die Originale zu den farbigen Reproduktionen stammen von der Meisterhand des akademischen Malers Prof. W. DIETZ, von den Malern und Bildhauern J. HEU, A. CANCIANI, C. KRENEK, F. DANILOWATZ, F. WACIK; Mikrophotographien, Graphiken und Photoaufnahmen wurden von Ing. F. MARESCH, Dr. H. WATZL, Univ.-Graphikerin MARIA WIMMER, Fa. Bors und Müller (Herrn SCHWERTNER), H. ZAPLETAL in Wien und Mr. MARSLAND in Oxford ausgeführt. Dr. phil. W. DAUM bewährte sich als unermüdlicher Mitarbeiter bei der Zusammenstellung des Sachverzeichnisses.

Dank gebührt dem rühmlich bekannten Springer-Verlag, Wien, insbesondere Herrn O. LANGE, Ehrenbürger der Technischen Hochschule in Wien, und dessen Stab, für die außerordentliche Sorgfalt und Mühewaltung, die sie der Herstellung und Ausstattung des Werkes angedeihen ließen.

Das heutige Zustandekommen des Werkes ist letzten Endes der sprichwörtlichen Gastfreundschaft Englands zu danken, dem von allem Anfang an zugewendeten Interesse und der generösen Hilfeleistung durch das Queen's College in Oxford und dessen verstorbenen Provost R. H. HODGKIN.

Ganz besonders fühle ich mich der „Society for the Protection of Science and Learning" in London und deren Chairman, Professor A. V. HILL, C. H., F. R. S., verpflichtet. Nur dieser Hilfe ist es zu danken, daß es möglich war, die Arbeiten ohne Unterbrechung fortzusetzen und für den Wert des Atlas wichtige Experimentaluntersuchungen — bei denen ich in Mr. E. H. LEACH vom Physiologischen und in Dr. A. VON ENGEL vom Physikalischen Institut der Universität Oxford hilfsbereite Berater fand — auszuführen.

Dank auch an meinen Sohn E. H. JELLINEK, M. A., B. M., Oxford, den treuen Weggefährten und Mitarbeiter.

Oxford - Wien, Ostern 1955.

Stefan Jellinek

Inhaltsverzeichnis

Einführung

Das Buch bringt eine für die Fachwelt bestimmte Darstellung bisher fremd gebliebener Phänomene, für deren Beurteilung kein Gleichnis, kein Analogon in der naturwissenschaftlichen Literatur vorhanden ist.

Es geht um Bilder, um anschauliche Veränderungen einer von elektrischem Strom oder vom Blitzschlag ergriffenen Materie belebter und unbelebter Natur, um eigenartige Aspekte, die mit einem ebenso eigenartigen Tiefgang einhergehen und dem Leser Gelegenheit bieten, von einem neuen Gesichtspunkt aus in fundamentales Naturgeschehen Einblick zu gewinnen, Einblick in Charakter und Natur der elektrischen Aktion und ihrer Relation zur Materie, zumal der lebenden Substanz.

Die eigenartigen — makroskopischen und mikroskopischen —, auf formativen und textoriellen Umbauvorgängen beruhenden Phänomene, das ist Spuren eines elektrischen Stromdurchganges, manifestieren sich als Ergebnis einer Wechselwirkung von Strom und Materie.

Es sind sehr oft nur einzelne Linien oder Figuren, regulär geometrische Konfigurationen, die den Veränderungen eine besondere Marke verleihen, Deformationen und Liniensysteme, wie solche in Symbolen der FARADAYschen Elektrizitätslehre ihre Vorbilder haben und auf verschiedene Wirkungssysteme des elektrischen Stroms deuten.

Manche Bilder präsentieren sich als Ausdruck des fließenden Stroms, andere wieder erwecken die Vorstellung von isolierten Entladungen und Einschlägen, kurz Bilder, deren Konfiguration und Beschaffenheit außerordentlich mannigfaltig ist.

Der morphologische Charakter dieser unterschiedlichen Zeichen oder Veränderungen läßt in vielen Fällen mehr oder minder deutliche Zusammenhänge mit einem gemeinsamen energetischen Prinzip erraten. Liegt schon in dieser sehr beachtenswerten Feststellung der Wert eines Leitmotivs, so scheint in der Wiederkehr und Wiederholung gewisser dechiffrierbarer Kennzeichen — Kriterien — auch ein Moment von Stetigkeit im Charakter der Spuren zu liegen.

Eine sorgfältige Betrachtung der durch Stromeinwirkung verursachten Veränderungen der Materie erweckt die Vorstellung, daß diese und jene Veränderung doch nur auf ein mechanisches Agens zurückgeführt werden könne und daß hier auch die Materie mit im Spiele gewesen sein müsse.

Die Rolle der Materie in dieser Wechselwirkung von Strom und Materie ist manchmal derart überraschend, daß der Materie geradezu eine Präponderanz im Effekt zugesprochen werden muß; es scheint dies z. B. der Fall in der in Abb. III/30 dargestellten Tätowierung der Haut nach Blitzschlag, wo sich die Glieder einer goldenen Halskette in ihrer unveränderten Gestalt und Reihung in der Tiefe der Haut deponiert finden: der Blitzstrom hat sich in diesem Falle nicht als ein absolutes Agens erwiesen.

Das strikte Gegenteil — Präponderanz des Stromes — manifestiert sich in Abb. II/18, wo durch Blitzschlag aus dem spröden, stahlharten Porzellan ein regulär geometrisch gestaltetes, hufeisenförmiges Tor glatt herausgeschnitten erscheint, wo die Materie nicht das geringste Zeichen von Gegenkräften zu erkennen gibt.

Das Wechselspiel von Strom und Materie, das in anderen Spuren instruktive Gradationen dieser oder jener Präponderanz aufweist, macht sich nicht nur quantitativ, sondern auch qualitativ geltend, z. B. darin, daß organische Gewebszellen gemäß ihrer entwicklungsgeschichtlichen Herkunft verschiedene Art von Polarisation erfahren: so bringt z. B. Abb. I/2 zur Enthüllung, daß Epithelzellen (Ektoderm) in geraden Linien, dagegen Zellen der glatten Muskulatur (Mesoderm) in gekrümmten Linien polarisieren.

Man darf diese frappierenden Veränderungen dieser beiden Zellarten als gewebsspezifische Polarisationen betrachten und für deren Genese die Materie als solche verantwortlich machen. Diese Auffassung erscheint um so mehr begründet, als der gewebsspezifische Einfluß auf Stromeffekte auch durch folgendes Experimentalergebnis (Abb. IV/7) gestützt erscheint:

Die Arterienwand eines lebensfrischen Präparates (Kalb) verfärbt sich unter der positiven Elektrode (Lichtstrom 110 V Gleichstrom) grün, dagegen unter der negativen Elektrode rot, der Nervenstrang (N. vagus) dieses lebensfrischen Präparates verfärbt sich unter der positiven Elektrode ebenfalls grün, unter der negativen Elektrode aber bleibt jegliche Reaktion aus!

Die beiden genannten, mechanischen (histologischen) und chemischen (koloristischen) Untersuchungsergebnisse bedeuten nicht nur ein Argument und ein Substrat für die Wertung der Materie im Charakter des Stromeffektes, diese *gewebsspezifischen Teste* bilden Handhaben zu neuen Erprobungen der Gewebe.

Die Bedeutung der Rolle der Materie im Wechselspiel von Strom und Materie vermag nicht eindrucksvoller dargelegt zu werden als durch das anschauliche Experimentalergebnis, daß zwischen dem *elektrischen Strom* und der *elastischen Substanz* eine einzigartige und überraschende Relation besteht, daß nämlich die elastische Substanz auf Einwirkung des Plus- oder des Minuspoles mit kontrastierenden Effekten reagiert, und zwar mit Kontraktion oder aber mit Erschlaffung.

Diese experimentelle Feststellung, die nicht nur für die biotische Wertung der elastischen Substanz in bezug auf ihren Grundstoff und ihre funktionelle Kapazität von besonderer Wichtigkeit ist und auch für die Erkundung des Unterschiedes von Plus und Minus eine Rolle spielt, ist wie keine zweite Tatsache geeignet, in medias res der Spurenkunde zu führen.

Wohl ist schon aus dieser unterschiedlichen Wirkung des Plus und Minus, die weder mit Zeichen von Hitze noch mit chemischen Veränderungen einhergeht und außerdem noch reversibel ist, zu vermuten, daß der

Wirkung des Stroms primär wohl nur die mechanische Kraft zugrunde liegen dürfte.

Doch die Untersuchung vieler Spuren läßt erkennen, daß der Charakter dieser mechanischen Kraft sich nicht immer als ein einheitliches Phänomen manifestiert. Ja manchmal ist der Aspekt mancher Spuren, z. B. Abb. III/1 und Abb. III/2 mit ihren kraterförmigen Einrissen, so, daß man in Verlegenheit käme, Kennzeichen zu nennen, die gestatten würden, zwischen den beiden hier grundverschiedenen Mechanismen zu unterscheiden: einmal Durchschuß einer Weißblechplatte durch eine Gewehrkugel, das andere Mal Durchschlag des Eisenbleches durch Blitzschlag.

Es muß ferner hinzugefügt werden, daß es auf mechanische Kraft zurückzuführende Stromeffekte gibt, deren Mechanik weder in der klassischen Mechanik noch in der alltäglichen Praxis eine Parallele oder ein Analogon finden läßt: ein Blick auf Abb. II/3, wo sphärische Zellen der Haut in geradliniger und gleicher Richtung orientiert erscheinen, und ein Blick auf die in Abb. I/16 dargestellte Blitzröhre, die sich als ein geschlossener Leitungskanal mit einem Filigran von rhythmischen Rippen und sonstigen Wandelementen präsentiert, läßt den Strom wohl als Bildner und Gestalter erscheinen, allerdings mit einem bisher unvorstellbaren Mechanismus.

Es gibt auch simplere Beispiele, deren Entstehungsvorgang mit dem Begriff „mechanistisch" aus der klassischen Mechanik unvereinbar ist und auf eine „höhere Klasse von Mechanik" deutet, wie dies z. B. mit dem in Abb. III/24 durch Blitzschlag halbseitig geplätteten (Halbzylinder) Leitungsdraht (110 V Gleichstrom) der Fall ist, ein frappierender Effekt, der ohne Zeichen von Hitze und Gegenkräften einherging.

Betrachtet man mikroskopische Spuren, z. B. eine nur mit Immersionslinse feststellbare, wohl nur auf rein mechanische Einwirkung zurückführbare Verformung von winzigen Zellteilchen, wie sich die Füßchen von Basalzellen (Haut) in Abb. III/27 präsentieren, und nimmt man wahr, daß diese winzigen, normalerweise nur mit Immersion eben feststellbaren Zellpartikelchen in auffällig lange Fäden transformiert, in die Länge gezogen und außerdem parallel geordnet erscheinen und daß sie trotz dieser intensiven und momentanen Einwirkung von Desintegration verschont und in ihrem organischen Zusammenhang sowohl mit der Zelle einerseits als auch mit der Lederhaut anderseits ungestört geblieben sind, dann erscheint es nur plausibel, anzunehmen, daß bei diesem rätselhaften Vorgang nicht nur die obengenannte, unvorstellbare mechanische Kraft im Spiele gewesen sein konnte, sondern daß diese „Causa movens" ihr Werk in Form von intimer Assoziation zwischen Strom und Materie ausgeführt hat.

Es gibt noch andere mikroskopische Zellverformungen — oder winzigste Zerteilungen auch anorganischer Stoffe —, z. B. Abb. III/33 a mit büschelförmig zerlegten Kernen von Muskelzellen in der Gefäßmedia, die ohne Desintegration einhergehen und Einheit und Konstanz im Charakter des Stroms erkennen lassen.

Es gibt aber auch Spuren, wo keine Assoziation zwischen der mechanischen Kraft und der Substanz, sondern Dissoziation, ja Destruktion in

Erscheinung tritt. Beispiele von solcher mechanischer Kraft *nichtkonstruktiver* Art gelangen im III. und V. Abschnitt unter den Titeln „Vortexfeld" und „Juxtaposition poldifferenzierter Effekte" zur Sprache.

Die Kenntnis *poldifferenzierter Stromeffekte* ist ein Ergebnis des den Spuren gewidmeten Studiums. Seitdem es Unfälle durch technische Elektrizität gab, war man bestrebt, nicht nur zwischen elektrischer Verbrennung und rein elektrischer Verletzung zu unterscheiden, sondern auch ausfindig zu machen, ob die Gewebsveränderungen unter dem Plus- bzw. unter dem Minuspol einen diagnostisch zuverlässigen Unterschied ergeben. Die Verzögerung der Erkenntnis war dadurch bedingt, daß das pathologisch-anatomische Verhalten von Gleichstrom- und Wechselstromverletzungen das gleiche, das ist nicht unterscheidbare Bild sehen ließ.

Erst ein an einem Präparat von Leichenhaut, sowohl mit Gleichstrom als auch mit Wechselstrom, ausgeführter Versuch ergab das gesuchte Ergebnis, das in Abb. V/11 zur Darstellung gelangt: das sich an der Oberfläche präsentierende Phänomen eines *Kontinuums unter dem Pluspol*, eines *Diskontinuums unter dem Minuspol* entsprach im Hautquerschnitt dieser Präparate einem Phänomen der *Verdichtung* bzw. der *Auflockerung*.

Das obengenannte, am Leichenpräparat gefundene Experimentalergebnis zeigt Veränderungen, wie sie in ihrem Charakter von Faraday als Ursache des Unterschiedes der polaren Entladungsformen erahnt und mit Vorgängen im Dielektrikum in Zusammenhang gebracht und formuliert wurden:

unter dem Minuspol „more compressed",
unter dem Pluspol „more diffuse"
und ergänzt durch „or vice versa" (§ 1503).

Das obengenannte und in den Abb. V/12 und V/13 illustrierte Experimentalergebnis besagt, daß Faradays Voraussage im Prinzip zutreffend ist, allerdings — soweit die hier illustrierten poldifferenzierten Effekte in Frage kommen — mit der Geltung „vice versa".

Die Kenntnis der genannten Experimentalergebnisse lieferte das zuverlässige Substrat und Leitmotiv, die Spuren von einem neuen Gesichtspunkt aus zu betrachten und zu prüfen. Es fanden sich auch Unfallsbilder, deren poldifferenzierte Stromeffekte volle Übereinstimmung mit den experimentellen Phänomenen zu erkennen gaben, so z. B. die in den Abb. V/19 und V/20 auf der Stirne befindliche Strommarke als ein Kontinuum, die auf der linken Halsseite befindliche Strommarke als ein Diskontinuum.

So wie bei dem genannten Unfall ist heute bei vielen anderen durch Gleichstrom verursachten Strommarken und Wunden eine genaue Unterscheidung der Polarität durchführbar.

Nur bei denjenigen Stromunfällen, wo poldifferenzierte Stromeffekte nicht voneinander getrennt vorhanden waren, wie es eben den Berührungsstellen bei Unfällen entspricht, gab es Widersprüche und Hindernisse der Agnoszierung.

Erst die *Variation des erstgenannten Grundversuches* bot ein frappierendes Phänomen, das in Abb. V/21 dargestellt ist: Plus- und Minusphänomen wohl getrennt, aber trotzdem unmittelbar nebeneinander, genau so wie es bei der Juxtaposition der Unfallspraxis — der Juxtaposition, die auch in den Abb. V/19 und V/20 dargestellt ist — der Fall ist.

Trotz der Übereinstimmung der Morphologie poldifferenzierter Stromeffekte im Experiment und in der Unfallspraxis ist diese Feststellung doch nicht hinreichend, um die Klärung der Juxtaposition zu erleichtern, und zwar deshalb nicht, weil es schwer vorstellbar ist, auf welche Weise der elektrische Strom in seiner Einheit und Unteilbarkeit — „the current is a indivisible thing" (FARADAY, § 1642) — dem traumatisierten Herd die Signatur von beiden Polen, und zwar in unmittelbarster Nachbarschaft zu vermitteln imstande ist.

Trotzdem darf diesem durch seine streng determinierte Morphologie charakterisierten Phänomen besondere Bedeutung vindiziert werden, nicht zuletzt auch deshalb, weil es, wie die genannte Variation des den Kontrastphänomenen *der Polarität geltenden Grundversuchs* zeigt, einer experimentellen Prüfung zugänglich erscheint.

Unter den verschiedenen Typen und Erscheinungsformen von Gewebsveränderungen, deren Entstehungsvorgang strikt auf mechanische Kraft als Causa movens hinweist, gebührt noch einem Phänomen besondere Aufmerksamkeit wegen seiner streng einheitlichen und determinierten Morphologie, die die Konstanz ihres Charakters, die Konstanz ihres Stiles wahrt, gleichviel, ob sie auf belebter oder unbelebter Materie, auf Leitern oder Isolatoren in Erscheinung tritt. Diese Type mechanischer Kraft scheint allerdings in keinerlei Relation mit der Materie zu stehen, wie sich eine solche aus den anderen genannten dechiffrieren läßt. Diese Type mechanischer Kraft scheint der Materie nur ihre Signatur zu versetzen, so wie die Stanze dem Metall die Punze.

Mehrere weiter unten (Abschnitt III D) reproduzierte Spuren dieser besonderen Type mechanischer Kraft geben die Einheitlichkeit des Charakters entweder in konzentrischen Ringlinien oder in geraden parallelen, äquidistanten Linien in einer bestimmten Anordnung zu den FARADAYschen Kraftlinien zu erkennen; alle diese Spuren sind vollkommen frei von Zeichen einer Hitzewirkung.

Die Reinheit der Form aller dieser Spuren, ihr Vorhandensein auf Leitern und Nichtleitern, ihre Ähnlichkeit mit den Darstellungen wohlbekannter Experimentalbilder (mit Benützung von Eisenfeilicht) gestatten die Fragestellung, ob man nicht in den genannten Spuren Versinnbildlichungen des elektromagnetischen Feldes erblicken dürfte. Den bisherigen experimentellen Untersuchungen sind einwandfreie Ergebnisse bisher versagt geblieben.

Es ist die kausal-analytische Betrachtung der Spuren, die Erkundung der *mechanischen Kraft* als Causa movens, die zu neuen anschaulichen Ergebnissen und zu bisher unbekannten Experimentalfakten Anlaß gegeben und dabei nicht zuletzt, wie aus den folgenden Ausführungen zu ersehen ist, auch das Problem der elektrischen Verletzung auf ihren richtigen Grund zurückgeführt hat.

Daß aber auch das Problem der *chemischen Aktion* des Stroms und das der *stofflichen Veränderung* der Materie zum Knotenpunkt der Betrachtung gemacht wurden, hat sich nicht minder fruchtbringend ausgewirkt.

Die stofflichen (metamorphotischen) Vorgänge der belebten und unbelebten Materie vermögen vielleicht am überzeugendsten die Unerschöpflichkeit der Spuren in ihren Elementen und Wendungen darzutun: gußeiserne Gasrohre werden durch wiederholte Einwirkung vagabundierender Erdströme graphitiert, in ein brüchiges, mit der Messerklinge (Abb. VI/15) leicht schabbares Material umgewandelt, homogenes Glas wird durch Blitzschlag immediat kristallinisch — wiewohl auch Bruchfiguren zu erwägen wären —, Porzellan durch Funkendurchschlag strukturiert (Abb. VI/18), organische Gewebe durch Strom (Unfall) immediat homogenisiert, hyalinisiert (Abb. VI/3), wodurch diese Gewebe gewissermaßen einen Rückschlag in primordialen Zustand erfahren; oder frische Holzfasern einer blitzgetroffenen Fichte werden durch Blitzschlag immediat in einen an Zellulose gemahnenden Zustand (Abb. VI/5) versetzt, von Leitungsstrom (Unfall) getroffene Hautstellen manifestieren sich immediat auffällig verdünnt und transparent (Abb. VI/1) usw. usw.

Die organischen Gewebe bieten vermöge ihrer physiologischen Beschaffenheit besonders geeignete Bedingungen für Entstehung *chemischer* und *thermischer* Veränderungen; trotzdem gibt es nicht nur an der Körperoberfläche, sondern auch im Körperinnern Spuren, deren Entstehungsvorgang nur rein mechanische Kraft anzunehmen gestattet; instruktive Beispiele sind der in Abb. II/3 dargestellte histologische Befund einer elektrischen Strommarke und der in Abb. I/2 dargestellte histologische Schnitt der von Blitzfiguren eingenommenen Hautpartie.

Es verdient besondere Beachtung, daß mit dieser bisher unbekannten Morphologie der Zellen und der Gewebe auch das bisher unbekannte klinische Verhalten der elektrischen Verletzung volle Übereinstimmung aufweist: die elektrische Wunde bleibt nicht nur frei von Schmerzen, sie geht auch ohne Fieber, ohne Eiterung und ohne septische Prozesse einher, sie läßt das Allgemeinbefinden unbeeinflußt, auch wenn große Gelenke, Körperhöhlen und Schädelkapsel vom elektrischen Trauma ergriffen werden.

Die in charakteristischen Verformungen der Blutgefäßwand und ihrer Wandelemente — Gefäßwandzellen zeigen Verformungen streng im Stile der Faradayschen Linien (Abb. II/8) — bestehenden Veränderungen haben ihre eigene Klinik und bedeuten ein neues Kapitel der Gefäßpathologie.

Auch die auf mechanische Kraft deutenden Knochenveränderungen (Abb. III/23) ressortieren zufolge ihrer Morphologie nicht in den Rahmen der allgemeinen Pathologie, sondern bilden eine Klasse für sich; sie bekunden ihre Elektrogenese schon dadurch, daß elektrische Knochentrennungen im Heilungsprozeß überraschenderweise im Röntgenbild keinen Knochenkallus sehen lassen (Abb. III/22), trotzdem aber ist der funktionelle Heilungserfolg solcher Knochenläsionen einwandfrei.

Zu den wichtigsten Ergebnissen dieser den organischen Gebilden gewidmeten Untersuchungen gehört die klinische Feststellung, daß *die Heilungsprodukte* eine in der Medizin bisher *unvorstellbare Vollkommenheit* aufweisen. Diese höhergradige Ausbildung der stofflichen Spezifität der lebenden Substanz ist wohl auf Instigation durch elektrischen Strom zurückzuführen; dafür spricht auch die Feststellung, daß diese Prärogative der elektrischen Verletzung ausbleibt, wenn sogenannte Wundtoilette, Exzision des Wundsaumes, in dem polarisierte Zellen und neue Plasmoaktivitäten (z. B. seltsame Beschaffenheit des Wundsekrets, Resistenz gegen hochvirulente Keime usw.) schaffen und wirken, zur Anwendung gelangt.

Ein nicht minder wichtiges Ergebnis dieser spurenkundlichen Studien, wie die bisher unvorstellbaren Heilungsprodukte elektrischer Traumen, ist das eingangs erwähnte Novum eines bisher *unikalen Stils „direkter Relation"* (FARADAY, § 1423) von elektrischem Strom und *elastischer Substanz*.

Manifestationen der Wechselwirkung von Strom und Materie

Die dem Thema zugrundeliegende große Zahl von Spuren elektrischen Stromdurchganges, die ungewöhnliche Mannigfaltigkeit dieser Phänomene, die sich für manche dieser empirischen Bilder ergebende Übereinstimmung mit den experimentellen Untersuchungsergebnissen machen es möglich, von verschiedenen Gesichtspunkten aus in die „Natur der elektrischen und der molekularen Aktion" Einblick zu gewinnen (§ 1327 und 1252), ganz konform dem Grundprinzip der FARADAYschen Elektrizitätslehre.

Und da der Ausgangspunkt des Themas darauf gerichtet war, aus den traumatisierten Veränderungen belebter und auch unbelebter Materie zunächst Kennzeichen — *Kriterien* — herauszulesen, durch die es möglich wäre, eine Unterscheidung zwischen einem rein mechanischen und einem thermischen Stromeffekt zu treffen — in Parallele mit der alten Bauernregel vom „kalten und heißen Blitzschlag" —, so erschien es praktisch, das Augenmerk vorerst auf Veränderungen rein mechanischen Charakters zu lenken, nicht zuletzt auch deshalb, weil Brandwunden und auch die durch die thermische Aktion des Stromes zerstörten Materialien für eingehende Untersuchungen kein sehr geeignetes Objekt darstellen.

Die Methode hat sich bewährt und Einblick nicht nur ins *Innere stromergriffener Zellen* der lebenden Substanz und in mannigfaltige Materialien verschafft, sondern auch in bisher fremd gebliebene Bilder von Wechselwirkung des Stroms und der Materie.

Man gewinnt eine anschauliche Vorstellung von der Wechselwirkung zwischen Strom und Materie, wenn man z. B. die in Abb. I/2 dargestellten, durch Blitzschlag transformierten Zellen der Haut betrachtet und sie mit den unverändert gebliebenen Nachbarzellen vergleicht: die vormals sphärischen, vom Blitzstrom ergriffenen Zellen erscheinen in geradlinige, nadelförmige Gebilde verformt, sind aber in ihrem Färbungsvermögen nicht beeinträchtigt und auch sonst nicht desintegriert, sie wurden eben nur in Zwangszustand, das ist in Polarisation, die reversibel ist, versetzt, während die Zellen der unmittelbaren Nachbarschaft völlig unverändert geblieben sind und vielleicht in die Wechselwirkung überhaupt nicht einbezogen wurden.

Polarisation der Zelle

Die Polarisation der Zelle ist ein zuverlässiges *Kriterium* des stattgehabten Stromdurchganges; sie manifestiert sich nicht nur in geraden, sondern auch in gekrümmten Linien, wie dies z. B. bei den Zellen der glatten Muskulatur in demselben Präparat der obengenannten Abbildung der Fall ist.

Diese *verschiedene Art der Polarisation* scheint mit der verschiedenen Art (entwicklungsgeschichtlich betrachtet) der Gewebe zusammenzuhängen. Die auf Erscheinungen der Polarisation bei verschiedentlichen Spuren gerichteten Beobachtungen lassen es als wahrscheinlich erscheinen, daß auch noch andere Eigentümlichkeiten der Materie im Wechselspiel von Strom und Materie eine Rolle spielen, so z. B. in Abb. IV/7 unterschiedliche Reaktionsteste (Farbenteste) des Gewebes einer Blutgefäßwand einerseits und eines Nervenstrangs anderseits bei Einwirkung von Gleichstrom und weiters auch die in den Abb. VI/29 und VI/30 zur Anschauung gebrachten *kontrastierenden Relationen der elastischen Fasern unter dem Plus- bzw. Minuspol, das ist Umsetzung poldifferenzierter Exzitationen in adäquate Kontrastreaktionen.*

Eine sorgfältige Betrachtung der Spuren, zumal der auf Wechselwirkung von Strom und Materie deutenden Phänomene, läßt erkennen. daß in dieser von FARADAY bezeichneten „direkten Relation der elektrischen Kräfte zu den Teilchen des in der Wirkung begriffenen Körpers" in der überwiegenden Mehrzahl der Spuren — von seltenen Zeichen chemischer Aktion abgesehen — Veränderungen dominieren, deren Genese „die mechanische Kraft" des Stroms zugrunde zu liegen scheint.

Die Feststellung dieses Ausgangspunktes ist nicht nur wegen der rein wissenschaftlichen Wertung dieser neuen Erscheinungswelt von Belang, sondern auch *für praktische Aufgaben,* die die *Medizin* betreffen, wo *elektrische Verletzungen* nur zu oft als nichts anderes als Verbrennungen angesehen und einer aktiven statt einer — naturgewiesenen — *konservativen Therapie* zugewiesen werden.

So sind es die in der Einführung genannten zwei Beispiele von kraterförmigen, einander auffällig ähnlichen Einrissen in Eisenblechen — durch Blitzschlag bzw. Gewehrgeschoß —, deren mechanischer Aspekt keinen Zweifel über die rein mechanische Kraft des Blitzschlages aufkommen läßt, und ebenso die durch elektrischen Strom verursachten mikroskopischen Zellveränderungen. für deren Entstehungsvorgang und für deren bisher unbekannte, regulär geometrische Morphologie nichts anderes als nur „mechanische Kraft" als das Principium fiendi zu gelten vermag.

Wechselwirkung von Strom und Materie in quantitativer und qualitativer Richtung

Eine Vertiefung in die Betrachtung der Spuren, insofern deren Charakter Aussagen über die „direkte Relation" von Strom und Materie zu machen imstande ist, bietet Gelegenheit, die Rolle der mechanischen Kraft in diesem Wechselspiel sowohl in quantitativer als auch in qualitativer Hinsicht zu verfolgen, d. h. zunächst rein spielerisch zu erfahren, ob der Strom oder ob die Materie im konkreten Fall eine Präponderanz erkennen läßt, ferner auch zu erkunden, ob aus den anschaulichen Stromeffekten, das ist aus dem stattgehabten Wechselspiel, Anhaltspunkte über die Art oder über eine „Variation" (vgl. FARADAY, § 1618) der hier zur Einwirkung gelangten mechanischen Kraft zu gewinnen sind.

Wechselwirkung mit Präponderanz von Strom oder aber von Materie

Es geht in diesem Fall mehr um eine propädeutische Frage, um an Hand simpler, leicht übersichtlicher Beispiele an die Prüfung der zweiten und viel wichtigeren Frage — Art oder nur Variation der mechanischen Kraft — heranzutreten.

Die Prüfung bzw. beiläufige Wertung der in Betracht kommenden beiden Größen — Strom und Materie — bezieht sich vorwiegend auf äußerliche Zeichen der Morphologie der Stromeffekte. Die in Betracht gezogenen Spuren gestatten diesbezüglich vier verschiedene Arten evidenter Präponderanz zu unterscheiden:

a) Präponderanz der mechanischen Kraft,

b) Präponderanz der Materie,

c) Gleichgewicht,

d) Unentschieden dort, wo *das Substantielle der wohl anschaulichen Spur trotz allem nicht faßbar* ist.

Ad a. Der in Abb. II/18 reproduzierte, regulär geometrische Rundbogen erscheint wie aus dem stahlharten, spröden Porzellanmaterial, ohne jegliches Zeichen von Gegenkräften, glatt und sauber „herausmodelliert".

In Abb. II/3 erscheint ein großer Haufen vormals sphärischer Zellen der Haut (einer Strommarke) in außerordentlich lange, stabförmige Gebilde transformiert, die in gleichem Sinn, in gleicher Richtung orientiert, polarisiert sind.

Die beiden genannten Spuren unbelebter und belebter Materie erwecken den Eindruck, daß der Wirkungsmechanismus der „mechanischen Kraft" sich als ein uneingeschränkter, als ein *absoluter* manifestiert, daß sich dagegen die Materie völlig passiv verhält.

Die beiden genannten Bilder sagen ferner aus, daß sich in diesem Wechselspiel ein *Gesetz der Form* geltend macht.

Ad b. In der in Abb. III/30 reproduzierten Veränderung, einer durch Blitzschlag erfolgten Tätowierung der Haut des Halses, scheint die Präponderanz der Materie im Vordergrund zu stehen: die Glieder des Goldkettchens, das die blitzgetroffene Frau um den Hals hatte, erscheinen in ihrer richtigen Gestalt und zu einer Kette ordentlich gereiht in die Tiefe der Haut versenkt, ohne Zeichen von Schmelzung oder Desintegration.

Auf der anderen Halsseite zog das Goldkettchen über eine weiße Seidenbluse, auf der sich eine ähnlich konfigurierte „Tätowierung" vorfand. In einem Partikelchen der Bluse wurde durch chemische Emissionsspektralanalyse Goldlinie bei 2676 a nachgewiesen.

Ad c. Die beiden folgenden ornamentalen und besondere Strenge der Form aufweisenden Spuren (Abb. II/19 und II/6) fallen dadurch auf, daß sich die Wechselwirkung von Strom und Materie geradezu auf einer mittleren Linie abspielt und daß sich auf Charakter des Stroms deutende Zeichen auf der fast ohne Desintegration gebliebenen Materie vorfinden:

Abb. II/19: Die blitzgetroffene Stahlschraube mit zahlreichen, feinst eingravierten, konzentrischen Ringliniensystemen in einem rundlichen Tiefrelief.

Abb. II/6: Die stromgetroffene Muskelfaser ist durch zwei instruktive Veränderungen ausgezeichnet; sie ist von einer schwarzen (Eisenhämatoxylinfärbung), spiralenförmigen, rechter Hand gewundenen Bänderung überlagert, in deren hellen Zwischenräumen die Muskelfibrillen mit ihrer Querstreifung hervorleuchten und deutlich erkennen lassen, daß die Muskelfibrillen nicht parallel zur Achse der Muskelfasern ziehen, sondern um 45^0 nach links verschoben, gedreht sind. Die zarten Muskelfibrillen haben trotz Verformung und Torsion beim Widerstehen der Entladung ein hohes *„Maß des Bewahrungsvermögens"* erkennen lassen. Beide Spuren sind geeignet, das Sinnbild einer Balance von Strom und Materie zu vermitteln.

Ad d. Die in Abb. III/32 reproduzierten spiraligen, durchsichtigen Figuren, die über die beiden Muskelbündel wegzuziehen scheinen, und ebenso auch der in den Abb. IV/14 und IV/15 auf einem runden Drahtgitter befindliche kürzere, vertikale Streifen — eine weißgraue festhaftende Auflagerung — sind Beispiele einer wohl anschaulichen, aber in ihrem *Substantiellen schwer faßbaren Relation von Strom und Materie,* deren zu beantwortende Präponderanz ungelöst bleibt:

Die über die Muskelbündel gebreiteten, linksgedrehten, spiraligen Figuren gleichen einem Schattenbild; das als Nomenklatur gewählte Wort *„Stromschattenfigur"* entspricht wohl dem äußeren Aspekt, aber weder das Essentielle der Spur, das ist dieser Schattenfigur, noch die Art und Weise ihrer Verbindung mit dem Muskelbündel erscheint damit einer Klärung nähergebracht.

Die Deutung dieser vom Strom auf dem Muskel zurückgelassenen Zeichnung, bzw. der durchsichtigen Veränderung, ist deshalb auch erschwert, weil die von der Spur — Schattenfigur — eingenommenen Muskelfibrillen und auch deren Querstreifung ohne jegliche Alteration geblieben sind.

Die obengenannte, ähnlich rätselhafte „Relation" des kürzeren, vertikalen Streifens auf dem Drahtgitter manifestiert sich durch eine Eigentümlichkeit: dieser Streifen findet nämlich in seiner Richtung nach oben und unten eine Fortsetzung, die aber nicht bei gewöhnlicher Aufsicht, sondern nur bei seitlich perspektivischer Betrachtung als hauchzarte Linie hervortritt (Abb. IV/15). Auch diese beiden vom Blitz, bzw. von dem „fortgeführten" halbflüssigen Steinguß, aufgezeichneten Ausläufer (des kürzeren Streifens) gestatten ebensowenig wie die obengenannte Stromschattenfigur, zu der aufgeworfenen Frage der Präponderanz Stellung zu nehmen.

Varietäten der mechanischen Kraft
Gradationen im immediaten Wandlungsvermögen der Materie

Schon die vorgenannte simple Betrachtung der Spuren läßt es ratsam erscheinen, sowohl den Charakter, die Ausdrucksformen der auf „mechanische Kraft" zurückzuführenden Veränderungen — deren Principium fiendi — einer sorgfältigen Analyse zu unterwerfen, aber dabei auch allfällige Änderungen der Grundeigenschaften der Materie zu verfolgen.

Diesen Weg zu betreten, wurde schon dadurch gewiesen, daß so manche Spur es erkennen läßt, daß die „mechanische Kraft" des Trauma electricum *keine absolute* ist und daß *die Materie ihren Widerstand* — z. B. Torsion der Muskelfibrillen um 45^0 — *anschaulich* zum Ausdruck bringt.

Die eingangs erörterte vergleichende Betrachtung zweier Eisenbleche mit auffällig ähnlichen kraterförmigen Einrissen ist ein geeignetes Beispiel, um die Wirklichkeit eines rein mechanischen, durch Elektrizität verursachten Phänomens darzutun. Mehr ist aber aus diesem Beispiel für das Problem „mechanische Kraft" des elektrischen Stroms kaum zu gewinnen.

„Mechanische Kraft" höherer Relation

Es gibt aber unter den Spuren viele Proben zu dem Thema, viele instruktive Bilder, aus denen mehr, und zwar eindeutige Wirkungsmotive herauslesbar sind; wohl nicht über die mit dem vorigen Beispiel verknüpfte Type einer gewöhnlichen „mechanischen Kraft", sondern über eine *Mechanik höheren Stils,* ja auch über eine *unvorstellbare Mechanik.*

Eine solche Klassifizierung ist nicht nur in dem frappanten Principium fiendi, in einer auf den mechanistischen Vorgang deutenden *formativen Veränderung* begründet, sondern auch in der Relation des stattgehabten mechanistischen Vorgangs zur ergriffenen Materie: eine solche Relation verrät sich hier — Mechanik höheren Stils — nicht durch Desintegration oder gar Destruktion, sondern, im Gegenteil, durch eine *intime Assoziation* — innigste Zusammenschließung — von *Strom und Materie,* daneben aber auch durch autochthone Stützpunkte der FARADAYschen Kraftlinien.

Als Beispiele einer solchen Mechanik höheren Stils dürfen der in Abb. II/18 dargestellte architektonische Omega-Ausschnitt im Porzellanisolator und die in Abb. II/3 und in Abb. III/27 reproduzierten Bilder von Zellen gelten, denen durch elektrischen Strom neue Form und Ordnung verliehen wurde, ähnlich etwa, wie es mit Eisenfeilicht durch Magnetismus geschieht: *Elektrizität als Bildner und Gestalter;* auch andere, im Buch reproduzierte Bilder illustrieren, daß es eine *elektrogene Morphologie* gibt.

Andere Beispiele der intimen Assoziation, das ist des konstruktiven Stils von Strom und Materie, kommen zum Ausdruck in Abb. III/24, einem durch Blitzschlag halbgeplätteten Lichtleitungsdraht, und in Abb. III/10, einer elektrischen Strommarke der Haut (Fingerbeere), die durch den Mechanismus des Traumas ihr Papillarrelief (fingerprints) — wohl nur transient — eingebüßt und dafür an dieser umschriebenen Stelle Glanz und Glätte angenommen hat.

Die beiden genannten, auf „mechanische Kraft" deutenden, einander sehr ähnlichen Stromeffekte gehen ohne Zeichen von Destruktion einher, auch die zirkumskripte Abflachung und Glättung der Fingerbeere erwies sich innerhalb von 24 Stunden als völlig reversibel.

Einige Beispiele der in die Klasse der *unvorstellbaren Mechanik* ressortierenden Phänomene verschaffen Einblick in Veränderungen, denen sehr instruktive und seltene mechanistische Vorgänge zugrunde zu liegen scheinen. So sind z. B. in Abb. III/33 a zwei Zellkerne einer Gefäßwand der Niere (Immersionslinse) in zahlreiche, gleichkonfigurierte, büschelförmige Gebilde zerlegt. Es ist schwer vorstellbar, auf welche Weise ein halbflüssiges Gebilde in mehrere, voneinander separierte Teile gleichmäßig zerlegt zu werden vermag, wobei auch noch das tinktorielle Verhalten der Teilstücke unbeeinträchtigt bleibt.

In den in den Abb. I/6 und I/7 dargestellten Bildern sind Aussagen über zwei bzw. drei Aktionen eines Blitzschlages, das ist seiner mechanischen Wirkungsweise herauszulesen: das Herausgravieren und Herausmodellieren einer Plastik in Form einer Blitzfigur aus dem Zinnoberbelag eines Wandspiegels, ferner der Transport dieser Plastik vom Spiegelglas auf den Pappendeckel des Rahmens und schließlich die Fixation der Plastik, unverändert in ihrer ursprünglichen Form, auf dem Pappendeckel.

Es waren hier *drei grundverschiedene Aktionen* mechanistischen Charakters auszuführen und zu jeder bedurfte es eines anderen Principium fiendi: trotzdem ist kein auf Destruktion des Glases, des Pappendeckels oder des Holzrahmens deutendes Zeichen in Erscheinung getreten.

Auf subtile Assoziation von Strom und Materie deutende Spuren

Als besonderes Studienobjekt einer *unvorstellbaren Mechanik* und ihrer *konstruktiven Assoziation mit der Materie* darf wohl auch die Blitzröhre Abb. I/16 gelten. Es ist bei Betrachtung von Ursache und Wirkung kaum eine größere Überraschung denkbar als der Kontrast zwischen der mit 50.000 bis 60.000 Ampere zu berechnenden Stärke des Blitzstroms einerseits und der *hauchzarten Wandung der Blitzröhre* anderseits. Wohl gibt die Röhre innen einen Glanz von Verglasung zu erkennen, doch erscheint die Wandung aus kunstvollen Baugliedern und Sandkörnern mechanisch zusammengefügt und auch die umgebenden Sandmassen sind, wie damals die Ausgrabungen zeigten, von Zeichen einer Deterioration durch die elementare Einwirkung völlig frei geblieben.

Von der zum Aufbau dieser Wandung am Werk gewesenen elementaren — und nichts weniger als destruktiven — Aktion gibt das in Abb. I/17 reproduzierte Motiv eines Baugliedes mit *„durchbrochener*

Arbeit" — aus der auch Zeichen der FARADAYschen Symbole herauslesbar sind — eine beiläufige Vorstellung. Auch diese auf rätselhafte Mechanistik zurückzuführende *Kunstform* des einzelnen Baugliedes wirkt um so nachdrücklicher, wenn man die in Abb. III/26 reproduzierte, auf einer *Lederlamelle* eines blitzgetroffenen Stiefels vorhandene „durchbrochene Arbeit" *gleichen Stils* in Augenschein nimmt.

Mechanistische, auf magnetische Kraft deutende Spuren konstruktiven Charakters

Wohl wird der Deutung von Spuren, deren Entstehung mechanische Kraft des elektrischen Magnetfeldes als Causa movens zugrunde liegen könnte, Skepsis entgegengebracht, doch wäre es eigentlich verwunderlich, wenn sich unter den zahlreichen und ungemein mannigfaltigen, durch Stromdurchgang erzeugten Veränderungen der Materie keine fänden, deren Charakter das Problem des Magnetfeldes nicht zur Diskussion bringen dürfte.

Und in der Tat ist es nicht eine, sondern es sind zahlreiche anschauliche Veränderungen — belebter und unbelebter Materie —, die eine solche Fragestellung geraten erscheinen lassen. Eine solche Stellungnahme findet ihren Stützpunkt darin, daß die auf ein elektrisches Magnetfeld deutenden Veränderungen nebst der Exaktheit ihres rein mechanistischen — von jeder Hitzespur freien — Aspektes auch durch eine streng geometrische Determinierung ihrer Form und ihrer Gestalt gekennzeichnet sind, wie dies aus Laboratoriumsversuchen und in wissenschaftlichen Diagrammen wohl bekannt ist: konzentrische Ringlinien einerseits und geradlinige parallele, äquidistante, scharf abgesetzte Bänderung anderseits.

Es verdient besondere Beachtung, daß alle in Abschnitt III D zur Darstellung gebrachten, auf Leitern und Nichtleitern vorhandenen und auf magnetische Kraft deutenden Spuren ausnahmslos die *gleiche Morphologie in besonderer Reinheit und Bestimmtheit* aufweisen.

Das auf das Transversalphänomen des Magnetismus deutende geradlinige, parallele Liniensystem in einer Blitzfigur auf der Haut eines Mannes (Abb. I/32) findet seine Parallele auf der Platinspitze eines Blitzableiters (Abb. III/35) und auf einem Messingblitzableiter (Abb. III/36).

Eine andere Blitzableiterspitze ist von schraubenförmig gewundenen, sauber — ohne Hitzezeichen — eingravierten flachen Kerben umfaßt (Abb. III/49).

Die durch Blitzschlag erfolgte Magnetisierung eines Stahlaufsatzes (Visier für Distanzschießen) eines Militärgewehrs erscheint durch Aufstreuen von Eisenfeilicht — Bartbildung — kenntlich gemacht (Abb. III/50).

„Mechanische Kraft" seltsamen, dissoziativen und destruktiven Charakters

Es sind Spuren dieser Kategorie, die von einem völlig *neuen Standpunkt* aus Einblick in die Mechanistik des Geschehens zu verschaffen vermögen. Wohl fehlen hier die auf Elektrogenese deutenden Kriterien im FARADAYschen Stil, wie figurale Motive, polarisierte Zellen, gewebsspezifische Teste usw., dafür aber gibt es bisher nicht erörterte, charakteristische Leitmotive: einerseits anschauliche auf das Problem des Wirbelfeldes, anderseits auf experimentell erprobte poldifferenzierte Stromeffekte deutende Zeichen, Kriterien.

Die Betrachtung und Erkundung dieser eigenartigen Kategorie von Veränderungen, deren Herkunft sich in mechanistischen Zeichen enthüllt, findet darin ihren Wegweiser, daß die einen Veränderungen gewöhnlich als *isolierte,* scharf umrissene Herde vorhanden sind — als Herde in *Nachbarschaft* oder *inmitten* von anderen wohlcharakterisierten elektrogenen Spuren —, und daß die anderen Veränderungen schon durch die Zeichen *poldifferenzierter Stromeffekte* hinreichend stigmatisiert erscheinen (vgl. Abschnitt V).

Die auf das *Problem eines Wirbelfeldes* deutenden mechanistischen Effekte sind frühzeitig an blitzgetroffenen Opfern aufgefallen, doch bereitete die Agnoszierung des Traumas und auch die Klärung der Phänomene für die Medizin eine große Verlegenheit. So war z. B. das üppige Haupthaar einer blitzgetroffenen Frau in einen derben, festen, formlosen Wulst verwandelt worden, und wenn auch kein einzelner Haarschaft verbrannt oder angesengt war, so war eine Entwirrung unmöglich und der Knoten mußte als Ganzes mit Rasiermesser und Schere knapp ober der Kopfschwarte abgetragen werden.

Als ein ähnliches, ebenfalls dunkles Rätsel präsentierte sich einmal eine Komminutivfraktur eines Oberarmkopfes eines vom Lichtstrom (110 V Gleichstrom) durchflossenen Armes eines Druckereisetzers, ein seltener, bisher kaum bekannter Stromeffekt, der sich aus zahlreichen, eher kleinen Fragmenten des Knochens zusammenfügt.

Vergleichende Untersuchungen, wie z. B. mit dem in Abb. III/56 abgebildeten, von einer blitzgetroffenen Litzenschnur (Lichtleitung) herrührenden, verknoteten und verwirbelten Draht, einem Litzenknäuel, lenkten die Aufmerksamkeit auf das Problem des Wirbelfeldes.

Als ein in diesem Lichte zu deutender Effekt darf wohl die in Abb. VII/7, und zwar in der rechten oberen Ecke des Bildes, vorhandene Veränderung der harten Hirnhaut gelten, ein aus der derben Haut der *Dura* durch den elektrischen Funken (tödlicher Unfall) herausgearbeitetes Teilchen, in unzählige Fäserchen zerfetzt und jetzt ein in der Konservierungsflüssigkeit flottierendes, formloses *Wirbelgebilde.*

Es ist sehr instruktiv, auf dem gleichen anatomischen Präparat, und zwar auf der anderen Seite der Dura mater, beiläufig in gleicher Höhe, eine andere Veränderung, eine ebenfalls als Effekt einer mechanischen Kraft zu deutende großdimensionierte Durchlochung zu sehen, in deren unterem Winkel sich drei gleich dimensionierte, parallel ziehende, zarteste Fäden finden, drei Fäden, die in regulär geometrischer Weise den Defekt überbrücken: ein sprechender *Kontrast von Wirbelfeld* und *streng regulärer Geometrie!*

Die zweite völlig atypische Auswirkung der mechanischen Aktion eines Stromdurchganges besteht in dem seltsamen Phänomen, das sich aus zwei kontrastierenden Hälften zusammensetzt, deren Charakter den unter dem

Plus- und Minuspol auftretenden Effekten entsprechen: die *Juxtaposition poldifferenzierter* Effekte (Abb. V/27 a und b, V/28 a und b).

Auch die Klärung dieses seltsamen Phänomens bereitete anfangs Schwierigkeiten. Erst das experimentell (an Leichenhaut) gewonnene Ergebnis von den kontrastierenden, unter dem Plus- und Minuspol als Ausdruck von *zwei verschiedenen Wirkungsmechanismen* sich manifestierenden Phänomenen und erst die *Variation dieses Grundversuches* — Anwendung eines interpolierten, mit dem Stromkreis in keinerlei leitender Verbindung befindlichen Metallplättchens — bieten die Gelegenheit, an die Prüfung der Bedingungen dieses seltsamen Phänomens heranzutreten.

Wenn auch die Annahme, daß die im Experiment benützte Interpolation eines Metallplättchens für die experimentelle Juxtaposition von Einfluß, ja entscheidend gewesen sein könnte, vielleicht zutreffend ist, so bleibt zu berücksichtigen, daß ein in der Unfallspraxis (Abb. V/22, V/23 und die ihnen vorausgehende Notiz über Nervus ulnaris) und auch nach Blitzschlag (Abb. V/24 bis V/28) auftretendes Phänomen der Juxtaposition sich *ohne Hilfe eines Metallplättchens* manifestiert.

Eine weitere Kommentierung des gewiß sehr beachtlichen Phänomens der Juxtaposition poldifferenzierter Stromeffekte erscheint verfrüht, weil das Phänomen gegen die Fundamentallehre — „der Strom ein unteilbares Ding" — verstößt.

Durch chemische Aktion des Stroms verursachte farbige Veränderungen und Phänomene im Stile der FARADAY*schen Symbole*

Wenn auch die durch chemische Aktion des Stroms verursachten Verfärbungen belebter und unbelebter Materie seit jeher wohl bekannt sind, so bieten die seitens der Spurenkunde dieser Frage gewidmeten Untersuchungen doch so manchen neuen Ausblick.

Sehr beachtenswert erscheinen die nach Blitzschlägen auf der Haut (Abb. I/13), auf weißer Leibwäsche (Abb. I/14) und auch auf Holzsplittern wie mit rotem Farbstift aufgezeichneten Linienführungen; daß diese Figuren den Stil der FARADAYschen Linien einhalten, ist geeignet, diesen Phänomenen besondere Beachtung zu vindizieren.

Das in der Einführung erörterte Experimentalergebnis, daß sich durch die Applikation von Messingelektroden (110 V Gleichstrom) auf Präparaten einer Arterienwand und eines Nervenstrangs unterschiedliche Farbenteste erzeugen lassen, darf als *gewebsspezifischer Reaktionstest* angesehen werden; ihre Kenntnis vermittelt Gelegenheit, bisher unbeachtet gebliebene Blitzspuren zu agnoszieren.

Das in Abb. IV/5 reproduzierte Phänomen — das Produkt der chemischen Aktion eines Blitzstroms — verdient in mehrfacher Hinsicht besondere Beachtung: mitten in Überbleibseln eines durch Blitzschlag zerstörten Porzellanisolators findet sich eine vollendet ellipsoid geformte, weiße, halboffene Glasperle, über deren Innenwand zwei symmetrische, spiegelbildlich gleiche Liniensysteme mit einer „Tendenz zur Konvergenz und Einigung in eine Linie des Durchganges" zusammenzulaufen scheinen; einzelne dieser parallelen, äquidistanten Linien sind rot, einzelne wieder braungrün gefärbt, wohl als Ausdruck entgegengesetzter Polarität.

Das Bild ist geeignet, eine Vorstellung von einem elektrischen Strom zu erwecken, in dem „mechanische Kraft" und „chemische Aktion" miteinander wirksam sind, und zwar inmitten eines destruktiven Prozesses. Eine *anschauliche Probe bildnerischen Schaffens!*

Für die Medizin ist es ein Novum, aus anderen Bildern chemischer Aktion zu erfahren, daß es zur Aussonderung phosphorsauren Kalkes, zur *immediaten Aussonderung,* kommt, nicht nur an Kontaktstellen (Abb. IV/8, Hand), sondern auch davon entfernt in Innenorganen (Abb. IV/9, III/37 b).

Es gelingt auch auf experimentellem Wege — z. B. durch Einschaltung eines anatomischen Präparates (Ochsenrippe) zwischen die Pole eines Energietransformators — an der Kontaktstelle Aussonderung von Kalksalzen zu erzielen (Abb. IV/10).

Nicht minder belangvoll ist die Feststellung von immediater Myelinausfällung im peripheren Nerven (Abb. IV/11) eines durch Lichtstrom (220 V Gleichstrom) plötzlich verstorbenen Unfallsopfers. Diese hier erstmalige Feststellung ist für die Beurteilung gewisser Krankheitssymptome (Spätfolgen) stromverletzter Unfallsopfer von Belang.

Stoffliche Veränderungen

Zu der Mannigfaltigkeit der formativen Spuren, denen verschiedene Wirkungssysteme vorwiegend der „mechanischen Kraft" — von deren gewöhnlicher, regulärer Art bis zu ihrer unvorstellbaren Variation — zugrunde liegen, gesellen sich nicht minder wichtige *innerstrukturelle Vorgänge der Materie.* Vielleicht als wichtigste und auch überraschendste darf die Reaktionsweise — in morphologischer und funktioneller Hinsicht — der *elastischen Substanz* genannt werden. Dieses bereits in der Einführung erwähnte Novum findet in den Abschnitten V und VI seine Illustration, wo auch andere innerstrukturelle Veränderungen der Materie zur Diskussion gelangen.

Als besondere Kuriosität verdient eine Art *Homogenisierung* und *Hyalinisierung organischen Gewebes* hervorgehoben zu werden, wie z. B. bei dem in Abb. VI/3 nach elektrischer Stromeinwirkung abgebildeten männlichen Genitale, das als *immediaten Stromeffekt* ein „schankerartiges Ulkus" darbietet, dem aber außer dem frappierenden Aspekt ein harmloser Charakter und auch ein rascher Heilungsverlauf zu eigen war.

Vielleicht wäre als analoger Stromeffekt die durch Blitzschlag verursachte *Immediatumwandlung* von Holzfasern einer Fichte in eine an feuchte *Zellulose* gemahnende Substanz (Abb. VI/5) zu nennen.

Ob das durch Kontakt (Unfall) *immediate Durchsichtigwerden* einer umschriebenen elektrisierten *Hautpartie* (Abb. VI/1) mit Dehydration in Zusammenhang zu bringen wäre, konnte bisher nicht mit Sicherheit eruiert werden: wenn auch die graue durchsichtige Dura mater (eines narkotisierten, trepanierten Tieres) durch Aufsetzen des Pluspoles (Platin) eines Lichtstroms (110 V Gleichstrom) innerhalb 1 bis 2 Sekunden an der umschriebenen Durchtrittsstelle wie klares Glas durchsichtig wurde (Abb. V/18), so trübte sich der transparent gewordene Herd innerhalb von Stunden wieder ein.

Die Kenntnis solcher stofflicher Veränderungen organischer Gewebe — auch anorganische Materialien unterstehen manchmal solchen Vorgängen — ist für die Begutachtung und ärztliche Behandlung von Wichtigkeit.

Sehr oft bleibt das Ausmaß einer durch Strom oder Blitzschlag verursachten Verletzung oder Gewebsalteration in Übereinstimmung mit der ursprünglichen Reichweite des frischen Impaktes, nicht gar so selten aber kommt es vor, daß die sich unverletzt präsentierende Umgebung eines frischen Stromeffektes *nach Tagen oder Wochen einer Devitalisation* anheimfällt.

Auch aus diesem Grund ist die erwähnte — naturgewiesene — konservative Therapie der elektrischen Verletzung streng indiziert. In den Abb. VI/19, VI/20, VI/21 findet ein solcher *tardiver Vorgang einer stofflichen Veränderung* (am Halse) seinen überzeugungskräftigen Ausdruck: die frische, wie eine harmlose Hauteintrocknung sich präsentierende Strommarke wandelt sich eine Woche später in eine auffällige, breite, scharf umrissene Hautwunde, deren regulär geometrische Gestalt aller Wahrscheinlichkeit nach mit der Ausbreitung, der Reichweite des hier zur Einwirkung gelangten elektrischen Feldes übereinstimmt. Die dritte Abbildung dieser Serienaufnahmen zeigt völlige Heilung, die auch von entstellender Narbenbildung und degenerativen Veränderungen verschont geblieben ist, wie dies eine nach vielen Jahren vorgenommene Untersuchung wissen ließ.

Die genannten Bilder sind Dokumente der Eigengesetzlichkeit des Heilungsverlaufes einer elektrischen Verletzung: ein Fortgangsgesetz der polarisierten Zellen, der gewebsspezifischen Teste, der poldifferenzierten Stromeffekte usw. usw. und schließlich auch der nicht weniger wichtigen, aber nicht so durchsichtigen stofflichen Veränderungen.

Dieses *Fortgangsgesetz der elektrischen Wunde,* die auch hochvirulenten, im Wundsekret nistenden Keimen zu widerstehen imstande ist und die auch den Gesamtorganismus vor entzündlichen, septischen Komplikationen bewahrt, kulminiert in einem *Heilungsprodukt einer bisher unvorstellbaren Vollkommenheit.*

Auch die Narben bleiben von Keloiden, degenerativen Prozessen und Karzinombildung verschont.

Aus konkreten Versinnbildlichungen elektrischen Stromdurchganges
herauslesbare thematische Stützpunkte

Es werden einige Spuren, die der Versinnbildlichung des Begriffes „Strombahn" und ihrer Phänomenologie zufolge auch als anschauliche Beispiele der „Beständigkeit in dem Charakter des Stroms" angesehen werden dürfen, einer eingehenden Betrachtung und Analyse unterzogen, um eine größere Annäherung an das Problem und Wechselspiel „Strom und Materie" zu gewinnen.

So vermag z. B. die in Abb. I/16 dargestellte Blitzröhre mit ihrem weit-kalibrigen, geschlossenen Leitungskanal wohl die Vorstellung vom fließen-den Strom und auch von der Stärke des viele Tausend Ampere betragen-den Blitzstroms, der hier Durchgang genommen, zu vermitteln, nicht minder aber auch den großen Konstrast zwischen der Elementargewalt einerseits und der spinngewebeartigen Wandung anderseits ins rechte Licht zu setzen, den Kontrast, dessen Klärung man vielleicht durch die These vom wohlbekannten Skineffekt finden möchte.

Betrachtet man aber die in Abb. I/18 abgebildete, aus dem gleichen geologischen Bereich stammende Blitzröhre, die keinen geschlossenen Leitungskanal besitzt, sondern nur eine aus Rudimenten und in Inter-vallen bestehende Wandung aufzuweisen hat, so ist für die Deutung dieser Blitzröhre, wenn sie auch einzelne Bauglieder mit dem Motiv kunst-voll „durchbrochener Arbeit" (Abb. I/17) aufzuweisen hat, eine eventuelle Klärung durch den Skineffekt nicht zufriedenstellend.

Haben doch Blitzröhren, die nicht in Sand lagern, sondern sich in Lehm- und Lößböden finden, überhaupt keine glasartige Wandung, son-dern nur ein verdichtetes, aus zusammengepreßtem Lehm und Löß be-stehendes Gehäuse, das derart fest zusammengefügt ist, daß sogar eine Ausgrabung und *Konservierung* einer solchen kompakten — und einen röhrenförmigen Hohlraum umfassenden — Erdmasse vorgenommen werden kann.

Die in der obengenannten Figur (Abb. I/18) sichtbaren weißen, läng-lichen Körperchen sind erstarrtes Gipsmehl, das anläßlich der Aus-grabung in die Intervalle, wo eben die Wandung fehlte, eingeflossen war.

Eine ganz andere Versinnbildlichung des Stroms vermag der in Abb. III/34 dargestellte, wohl charakterisierte und zwischen zwei Punkten eines mit tiefem Ausschnitt versehenen Lederplättchens eines blitzgetrof-fenen Bauernstiefels ziemlich straff gespannte, dünne Faden — eine Saite — zu bieten: Die Charakterisierung dieses Fadens besteht darin, daß er an seinen beiden Enden wie aufgespleißt und mit dem Leder in organi-scher Verbindung geblieben ist, ferner daß dieser Faden beiderseits in seinen peripheren Partien gewindeartige Schleifen (Duplikaturen) auf-weist. Es erscheint plausibel, anzunehmen, daß der Strom hier den ge-nannten Faden sinngemäß aus dem Leder herausgearbeitet hat und daß — um im Bilde zu bleiben — die straff gespannte Saite als Sinnbild dessen betrachtet werden könnte, was Faraday kurz und plastisch „der Strom . . . eine Achse von Kraft" nennt.

Der in Abb. VII/7 reproduzierte, durch Hochspannungsentladung (5000 V) — tödlicher Unfall — verursachte und ähnlich beschaffene, straff gespannte Gewebsfaden überbrückt — ähnlich wie der Lederfaden — eine große Durchlochung in der harten Hirnhaut (vgl. linke Hälfte der Abb. VII/7). Es ist naheliegend, auch in diesem Falle den gleichen Ent-stehungsvorgang wie an dem Lederfaden anzunehmen.

Die in Abb. V/3 dargestellte, auf einer Blitzableiterspitze befindliche Figur, die aus zwei gegensinnigen, sich in flachen Gewinden gegenseitig durchdringenden, ins Kupfer fein säuberlich — ohne Hitzespuren — eingravierten Linearsystemen, das ist einem Prägeschnitt, besteht, darf wieder als Sinnbild einer anders strukturierten Strombahn angesehen werden. Während in den früheren vier Fällen — in lauter Dielektriken — die Materie in dem Wechselspiel eine wichtige Rolle vertritt und eben durch ihre dabei sich ergebenden Veränderungen einen Einblick in die „direkte Relation von Strom und Materie", und zwar mit „besonderen Mannigfaltigkeiten" (FARADAY, § 1618) vermittelt, so manifestiert sich die auf dem Blitzableiter regulär geometrisch gestaltete Strombahn in ihrem figuralen Charakter als ein ähnliches Sinnbild, wie ein solches aus der regulärgeometrischen Formation des folgenden Bildes herauslesbar ist.

Die in Abb. II/21 dargestellte Figur ist eine Momentaufnahme, eine *synchronisierte stereoskopische Photographie* eines konkreten Bildes lebendiger Bewegung: Sinnbild der Strombahn zwischen den Polen eines Energietransformators 60.000 V, Schlagweite 35 cm.

Ganz anderen Charakters ist die auf dem großen Durchführungsisolator (weißes Porzellan) sich manifestierende Spur der Wirkungsmechanismen einer Strombahn (Abb. V/5 a und b, V/6); der große spindelförmige Porzellanisolator, der durch Blitzschlag schweren Schaden erlitten hat, ist auf dem vorspringenden Porzellanring, dort wo sich die Grundflächen der beiden Porzellankegel treffen, mit sehr instruktiven architektonischen Veränderungen behaftet: in die *Vorderseite* dieses Porzellanrings erscheinen zwei Systeme rhythmischer, gegensinnig gerichteter, fast spiegelbildlich gleicher, tiefer Kerben eingeschnitten; auf der *Rückseite* des Porzellanrings, und zwar am unteren Rande der Mantelfläche des oberen Kegels, fallen zwei schmale, leicht wellige und parallel zum Porzellanring ziehende, dunkelgrau gefärbte Streifen auf, deren äußerste Enden mit den Schnittführungen der Kerben in Zusammenhang stehen.

Der makroskopische Aspekt der geschilderten, ins Porzellan „eingekerbten" Veränderungen zeigt große Ähnlichkeit mit den Veränderungen auf der in Abb. V/4 abgebildeten, vom Blitz getroffenen Blitzableiterspitze, deren Vorderseite zwei längliche, parallel angeordnete Schmelztropfen trägt, die beide spiegelbildlich gleiche Gewinde aufweisen — links- und rechtsgängig —, Gewinde, die rings um die Spitze des Blitzableiters nach rückwärts ziehen, wo sie sich als zwei wellige, flach eingravierte Rillen fortsetzen.

Große Überraschung bringt die *mikroskopische Untersuchung* der beiden genannten dunkelgrauen, welligen, parallelen Streifen am Porzellanisolator (Abb. V/6): diese Streifen offenbaren sich als eine Unzahl von runden, hauptsächlich schwarzen und auch grauen Flecken und Pünktchen von sphärischen Gebilden, die sich wohl den Raum streitig machen, doch dabei ein *Gesetz geometrischer Ordnung streng* einhalten. Die runde Form dieser punktförmigen Gebilde ist nahezu ausnahmslos vorherrschend, nur wechselt deren Größe und läßt fünf bis sechs Gradationen bis zu dem winzigsten, eben noch wahrnehmbaren Pünktchen unterscheiden; es ist ferner auffallend, daß es zumeist Gebilde von fast gleicher Größe sind, die sich zu *streng geometrischen Formationen*, z. B. zu Dreieckform, zu anderen Polygonen, zu parallelen Zügen, zu Wellen —

veritable Bilder einer „physikalischen Geometrie von Kräften“ — immer nur als Punkte zusammenfinden; keine Stelle weist ungeordnete Häufung der Punkte oder Bilder, die an Wirbelbildungen und Zufallskonstellationen gemahnen, auf, an keiner Stelle ist eine wirkliche „Linie“ oder auch nur Andeutung einer solchen zu finden: *geometrische Figuren in „punktierten Umrissen“*.

Wenn unter der großen Zahl von Spuren manchmal auch eine nur aus Punkten bestehende Form (z. B. Abb. II/4 am Finger) vorkommt, so könnte ein solcher Solitär vielleicht nur auf „Mannigfaltigkeit“ der Morphologie der Strommarke deuten. Da aber das seltsame mikroskopische Bild in den beiden Streifen des Isolators sich mit den charakteristischen, in das Porzellan eingeschnittenen Kerben zusammenschließt und dadurch das *Sinnbild einer geschlossenen Strombahn* zu vermitteln scheint, ist dies geeignet, dem Phänomen eine besondere Marke zu verleihen. Die schwarze und graue Färbung der *Partikelchen* ist wohl auf Explosion des Teerausgusses des Porzellanisolators zurückzuführen, womit wohl auch die sonstige intensive und durchaus diffuse Schwarzfärbung des Isolators zusammenhängt; aber gerade deshalb ist es auffällig, daß sich trotzdem die *Punktierungen* als Einzelindividuen und außerdem in regulären Konstellationen, in *streng geometrischen Formen* — konform den FARADAYschen *Symbolen* — und nicht als irreguläre Explosionsformen manifestieren und dadurch auch ihrerseits für die *Konstanz im Charakter des Stroms* Aussagen machen.

Paradigmen und Experimentalergebnisse

Den in den folgenden sieben Abschnitten zur Darstellung gebrachten Bildern liegt dasselbe Einteilungsprinzip zugrunde, nach dem die Originale dieser Bilder im Elektropathologischen Museum an der Universität Wien auf sieben Prüfständen zur Schau und Prüfung aufgestellt sind.

Das nach Grundeigenschaften der Spuren gewählte Einteilungsprinzip bedeutet keine einwandfreie Klassifizierung — um nicht zu sagen Systematik —, und zwar deshalb, weil der Charakter und die Bedeutung eines Phänomens, das in diesem oder jenem Abschnitt zur Diskussion gelangt, mit Rücksicht auf seine innere Beziehung noch zu einem anderen Grundproblem des Themas, es geraten sein ließe, mit einer anderen Lokation vorzugehen. So fände z. B. die in Abschnitt I (Abb. 32) erörterte und abgebildete Blitzfigur am Oberschenkel mit ihrem eingebauten, geradlinigen Liniensystem — das an das wichtige „Transversalphänomen des Magnetismus“ gemahnt — vielleicht einen zutreffenderen Platz im Abschnitt III, wo in einem besonderen Abschnitt „mechanistische, auf Magnetismus deutende Veränderungen“ zur Sprache gelangen.

Die Schwierigkeit einer einwandfreien Klassifizierung der Spuren ist auch darin gelegen, daß den meisten Spuren nicht nur eine einzige Grundeigenschaft zu eigen ist, sondern auch noch andere Eigenschaften und Facetten, die vom Standpunkt z. B. der Beurteilung der stofflichen Veränderungen eine wichtige Rolle spielen. Und wenn schließlich gegen die

Klassifizierung eingewendet zu werden vermöchte, daß eigentlich vom Standpunkt des allen Spuren zugrundeliegenden gleichen und *einheitlichen, energetischen Prinzips* jede Spur in jedem der sieben Prüfstände die Probe bestehen müßte — was auch bei eingehender Prüfung der Fall ist —, so darf nicht aus dem Auge gelassen werden, daß die praktische Bearbeitung und Erkundung aller mit dem Phänomen in Zusammenhang stehenden Fragen und Aufgaben doch immer zunächst von *einem* Gesichtspunkt aus in Angriff zu nehmen ist, um die Spur zum Sprechen zu bringen.

Gewiß ist die Interpretation der Spur wichtig, ob sie auch diesem und jenem wissenschaftlichen Axiom entspricht, doch eine ebenso wichtige und vielleicht dringendere Aufgabe ist es, zuerst *auf Grund beobachtbarer Kriterien* die Tatsache eines stattgehabten Stromdurchganges, das ist die Elektrogenese der in Frage kommenden Spur, zu beweisen, die *Spur zu agnoszieren.*

Es gibt verschiedene Arten von Kriterien, das ist anschauliche Veränderungen auf der Oberfläche und im Innern belebter und unbelebter Materie, makroskopische und mikroskopische Kriterien formativer und innerstruktureller Art, denen verschiedene Wirkungsmechanismen des elektrischen Stroms zugrunde liegen. Es gibt voll ausgebildete typische Veränderungen, aber auch Varietäten, Mannigfaltigkeiten oder auch nur Rudimente von Kriterien.

Eingehende Betrachtung und Zergliederung der Phänomenologie ist geeignet, Vertrautheit mit der neuen Erscheinungswelt zu verschaffen. Wichtig ist aber auch, die inneren Beziehungen, die Logik der Phänomenologie nicht aus dem Auge zu lassen.

Für die Beurteilung und Interpretation vieler Spuren finden sich Vorbilder in den FARADAYschen Symbolen der Kraftlinien. So manche der darauf aufgebauten Untersuchungsmethoden finden durch *vergleichende Betrachtung* und durch *Anwendung der Mikroskopie* ergiebige Vertiefungen: so stellte es sich durch mikroskopische Untersuchung einer mit Blitzfiguren behafteten Hautpartie heraus, daß die Blitzfigur nicht nur ein Oberflächenphänomen ist, sondern daß auch im Innern — und zwar in verschiedenen Schichten — der Haut die Zellen überraschende Veränderungen aufweisen, sich als *polarisierte Zellen* präsentieren, wie sie sich ähnlich in den mikroskopischen Bildern elektrischer Strommarken der Haut vorfinden; nur haben heute die vielumstrittenen Zellverformungen der Strommarke durch die polarisierten Zellen unterhalb der Blitzfigur ihre Verifizierung, ihre Anerkennung gefunden: Verifizierung deshalb, weil die effektiv elektrogene Herkunft der Blitzfigur seit LICHTENBERGS Experimentalergebnissen als unbestritten gilt.

Es war diese Feststellung, diese *Verifizierung der polarisierten Zellen der Strommarke* — Ausgangspunkt und Beweggrund dieser neuen Arbeitsrichtung —, die auch die Tür für einen *neuen Zweig der mikroskopischen Gewebelehre* öffnete.

Der genannte Fund polarisierter Zellen ist zugleich ein Ausdruck und eine Versinnbildlichung der wichtigen „direkten Relation von Strom und

Materie" (FARADAY, § 1423), die den *Knotenpunkt der spurenkundlichen Betrachtungsweise* bildet.

Außer den im Lichte der FARADAYschen Symbole erkundeten Kriterien leisten auch neue *experimentelle Ergebnisse,* z. B. die *Phänomene poldifferenzierter Stromeffekte,* bei der Analyse der Spuren wichtige, unersetzliche Dienste.

Und so instruktiv es ist, alten wohlbekannten Zell- und Gewebsbildern — sei es in physiologischen oder pathologischen Präparaten — in ihren *neuen geometrischen Verformungen* zu begegnen, so ist es nicht weniger anregend und wichtig, elektrogene Phänomene zu analysieren, die in ihrer Existenz wohl beobachtbar, aber doch in ihrem Grundstoff und in ihren Zusammenhängen unfaßbar sind.

So ist z. B. die in Abb. III/32 abgebildete *Stromschattenfigur,* bei der weder die aus regulär geometrischen Spiralengebilden aufgebaute Stromspur, noch deren wirkliche Verbindung mit den Muskelfibrillen, über denen sie ausgebreitet ist, faßbar ist, in ihrem Charakter und Wesen bisher ein Rätsel!

Ähnlich verhält es sich mit einer auf einem Drahtgitter ausgebreiteten grauen Auflagerung (Abb. IV/14, IV/15) — letztere stammt von der immediaten Veränderung der blitzgetroffenen Steinwand einer Kirche —, mit einer Auflagerung eines sogenannten Steingusses, dessen richtige Ausbreitung auf dem Drahtnetz nur bei einer seitlich perspektivischen Betrachtung des Gitters — und zwar rasch wie ein Blinklicht — in Erscheinung tritt.

Die Schwierigkeit einer adäquaten Vorstellung zum Problem „Strom und Materie" vermag noch an Hand eines dritten Beispieles dargetan zu werden: es ist die in Abb. I/7 reproduzierte „*plastische Blitzfigur*", die durch den Blitzstrom vom Zinnoberspiegel auf den Pappendeckel „fortgeführt" worden sein mag, und trotz dieses Transportes blieb jede einzelne der vielen Dendriten in ihrer Gestalt und Proportion streng gewahrt.

Die genannten Phänomene zu dem wichtigen Problem „Strom und Materie" scheinen eine Verwandtschaft, eine Art inneren Zusammenhangs. schon rein äußerlich, mit den folgenden Phänomenen zu besitzen, in denen sich der *Strom* dominierend als *Bildner und Gestalter* präsentiert. Nebst den zahlreichen Beispielen von lehrreichen Zellverformungen lebender Substanz und so mancher nicht minder belangvollen Gestaltung unbelebter Materie, z. B. dem omega-artigen Ausschnitt im Porzellanisolator (Abb. II/18), verdienen noch folgende Stromspuren genannt zu werden:

Hyalinisierung organischen Gewebes (Abb. VI/3), dessen Aspekt und Beschaffenheit wie ein Rückschlag in primordialen Zustand annmutet.

Die in Abb. VI/5 reproduzierte Veränderung, ein *Zellulosezustand der Holzfasern* einer blitzgetroffenen Fichte, ist wohl als ein ähnlicher Zustand (mit Hydration?) anzusehen.

Das in Abb. III/33 b dargestellte Teilchen eines starren, brüchigen strukturlosen Kambiums einer zirka tausendjährigen Weide erscheint durch Blitzschlag in ein Büschel (*schmiegsame* Pinselform) zahlreicher elastischer, gleichmäßiger und parallel geordneter Fasern umgewandelt — ähnlich wie die in Abb. III/33 a in Büschelform zerlegten Mediakerne.

Ein *Porzellanstück* eines Hochspannungsisolators erscheint in dem experimentell gewonnenen Durchschlagskanal (Abb. VI/18) *wie strukturiert*, teils aus rhythmischen, einander folgenden Aushöhlungen, teils aus plastischen, perlenartigen Stücken zusammengesetzt (Experiment).

Die im V. und besonders im VI. Abschnitt zur Darstellung gebrachten stofflichen Umwandlungsvorgänge der lebenden Substanz enthalten Aussagen über biotische Prozesse, die eine *grundsätzliche Änderung des vitalen Charakters der Gewebe* zur Folge haben: ist es schon ein in der allgemeinen Pathologie unikales Geschehen, daß Gewebspartien, z. B. des Schädels, oder auch eine ganze Extremität, bis in ihre tiefsten Winkel und letzten Gründe einer momentanen Devitalisierung anheimfallen, daß eine *Immediatnekrose* Platz greift, ohne daß dabei an der Oberfläche Zeichen von Zerstörung oder Mitaffektion der Nachbargewebe zu beobachten wären, so ist es nicht minder frappant, wenn die in der Umgebung eines rezenten Impaktes völlig normal sich manifestierende Gewebspartie nach Tagen oder Wochen einer *tardiven Nekrose* zerfällt, einer Nekrose, deren Areale ebenso streng abgesetzt und determiniert sind, *nicht mit Demarkationszonen*, sondern mit *scharfen Grenzlinien*, aus denen die gleiche — und nur erweiterte — *geometrische Formation eines elektrischen Feldes* herauslesbar ist, wie eine solche dem rezenten Impakt zu eigen war, z. B. in den Abb. VI/19 und VI/20.

Die unikale biotische Eigengesetzlichkeit dieser Vorgänge manifestiert sich auch in der Weise, daß durch den tardiven — oft durch Monate und Jahre (!) ohne Reizerscheinungen sich hinziehenden — Prozeß der Sequestration einer bestimmten Knochenpartie, sei es des Schädels (Abb. I/30) oder einer Extremität (Abb. VI/26), weder die Nachbargewebe noch das Allgemeinbefinden in Mitleidenschaft gezogen erscheinen, daß z. B. auch im Röntgenbild weiter nichts als nur eine scharfe Trennungslinie (Abb. III/22), aber *keine Demarkationslinie* zwischen totem und lebendem Knochen beobachtbar ist.

Nichts vermag die *Eigengesetzlichkeit* der durch das elektrische Trauma hervorgerufenen — instigierten — und zutiefst reichenden *metamorphotischen Prozesse* augenscheinlicher zu gestalten als die Seltsamkeiten, daß die *elektrische Wunde,* auch wenn sie von hochvirulenten Keimen (Streptokokken usw.), deren abgeimpfte Kulturen tödlich verlaufende Experimentalergebnisse veranlassen, mehr als übersät ist, sich wie *eine aseptische Wunde* verhält und verläuft, daß *die elektrische Wunde* auch im Bereiche großer Gelenke, der behaarten Kopfschwarte und des Schädels überhaupt (auch der Augen und der Ohren) *von Entzündung, von Sepsis, von Toxikosen* (Eiweißzerfallsprodukten) *freibleibt* und zu Heilungsprodukten von einer in der Allgemeinpathologie bisher unbekannten Vollkommenheit führt und daß die Wunde *auch von späteren degenerativen Prozessen,* wie Keloiden, Karzinombildung usw. *verschont bleibt.*

Die im VII. Abschnitt erörterten Veränderungen, die mannigfachen Wirkungsmechanismen des elektrischen Stroms — es sind da *thermische Aktion,* Vortexfeld, exogene, auch vom elektrischen Strom fortgeführte Konstituenten usw. — ihre Entstehung verdanken, weichen wohl schon durch ihren Aspekt von den Typen der vorgenannten Abschnitte ab, doch sind ihnen dabei auch formative Zeichen zu eigen, aus denen die *Konstanz im Charakter der elektrogenen Normen* herauslesbar ist.

Das Studium auch dieser instruktiven *thermischen* und *komplexen Veränderungen* bietet ergiebige Gelegenheit, von einem anderen Gesichtspunkt aus an die Problematik von Strom und Materie Annäherung zu gewinnen. Schon die in Abb. VII/3 reproduzierte, durch Blitzschlag erzeugte, ausgebreitete, diffuse, reine Bronzefärbung (frei von Hitzezeichen und sonstigen Alterationen) der Haut des Gesichtes (mit Schonung der Augen) und des Stammes, weiters aber auch die in Abb. VII/7 sichtbaren, außerordentlich seltsamen und stark kontrastierenden Veränderungen der harten Hirnhaut (tödlicher Hochspannungsunfall) sind danach angetan, auch dieser Kategorie von Spuren elektrischen Stromdurchganges ihre Signatur zu verleihen.

I. Betrachtung und Prüfung von Spuren im Lichte der Faradayschen Axiome — Wertung der Experimentalergebnisse

Das von FARADAY als Prototyp der Symbole seiner Elektrizitätslehre gewählte formative Element der Blitzfigur spielt auch in der Spurenkunde eine belangvolle Rolle. Dabei ist es nicht nur die unbestrittene Elektrogenese dieser ersten und klassischen Elektrizitätsspur, sondern auch die Konstanz ihres formativen Charakters, die ihr einen Vorrang zu verschaffen imstande ist. Es ist leicht, Spuren elektrischen Stromdurchganges als solche zu agnoszieren, wenn eine evidente Ähnlichkeit zwischen der zu prüfenden Spur und dem klassischen Vorbilde vorhanden ist, die Aufgabe ist jedoch schwieriger, wenn der Aspekt der Spur nebst Rudimenten einer Blitzfigur auch noch andere formative Mannigfaltigkeiten, z. B. bedingt durch Wechselwirkung von Strom und Materie, aufweist. In einem solchen Fall ist Hilfe durch Befragung der Bilder der FARADAYschen Kraftlinien und der sie kommentierenden Axiome zu finden.

Als geeignete Propädeutik für die vergleichende Betrachtung von Spuren und um, als naheliegendes Unternehmen, auch Gewißheit über die Brauchbarkeit der Methode zu erlangen, erscheint es gegeben, zunächst Spuren verschiedentlichster Physiognomie und verschiedentlichster Herkunft nur von dem einen Gesichtspunkt aus zu erkunden, ob sie die *Probe der* FARADAY*schen Symbole* — sei es in deren Bild oder im Wortlaut ihrer Axiome — zu bestehen imstande sind.

Wie die in diesem Abschnitt erörterten morphologischen Veränderungen der belebten und unbelebten Materie zeigen, werden nicht nur auf Blitzfiguren, Blitzrinnen und Blitzröhren deutende Spuren, sondern überhaupt Veränderungen rein mechanistischer Art, ferner Verfärbungen, mikroskopische Zellverformungen usw. im Lichte der FARADAYschen Symbole betrachtet und bezüglich ihrer *Übereinstimmung mit den wissen-*

schaftlichen Normen der Elektrizitätslehre, das ist letzten Endes die *Elektrogenese der Spur, geprüft.*

Diese vorerst nur einem Ziele dienende und in diesem Kapitel zur Durchführung gelangende „Probe aufs Exempel" verschafft Vertrautheit auch mit einer ungewöhnlichen Phänomenologie und erweist sich als ein ergiebiger Weg, nicht nur eine Spur zu agnoszieren, sondern dabei auch eine *Vorstellung von dem wichtigen Problem „Strom und Materie"* zu gewinnen.

A. Blitzfiguren

Abb. I/1. Die Haut des linken Unterarmes eines blitzgetroffenen Mannes, von einer typischen Blitzfigur eingenommen. Die vielfach verästelte, proportioniert konfigurierte, leuchtend rote Zeichnung ist auf eine in der Bahn der Entladungslinien (des Funkens) verursachte Hautrötung (Erythem) zurückzuführen. Das im Grunde harmlose Oberflächenphänomen bildet sich innerhalb von Stunden restlos zurück.

Abb. I/2. Ein histologischer Schnitt einer derartigen Hautpartie: das Präparat bietet das Bild einer vollkommen normalen Haut; erst bei sorgfältiger Prüfung zeigen sich einzelne, vormals runde und sphärische Zellen der untersten Epidermisschicht in streng gerade, nadelförmige Gebilde transformiert. Eine andere Veränderung betrifft einzelne Zellkerne der schräg durch das Präparat ziehenden glatten Muskulatur (Arrector pilorum), die statt normaler Spindelform eine auffällige korkzieherartige, „gekrümmte" Verformung aufweisen.

Die eigenartigen morphologischen — in geraden bzw. gekrümmten Linien — Verformungen, wie sich solche auch experimentell erzeugen lassen, sind als polarisierte Zellen anzusprechen. Eine Desintegration der Zelle ist damit nicht immer verknüpft.

Die verschiedene Art von Polarisation, d. h. in geraden oder gekrümmten Linien, steht mit der unterschiedlichen Gewebsart — im obengenannten Falle von „Ektoderm" und „Mesoderm" — in kausalem Zusammenhang und die platzgreifende Verformung ist daher als *gewebsspezifischer Test* anzusehen.

Dem durch seine eigenartige, geometrische, bisher unbekannte Morphologie charakterisierten Hautschnitt darf besondere Bedeutung deshalb vindiziert werden, weil hier erstmalig gezeigt wird, daß die Annahme, die typische Blitzfigur sei ein bloßes Oberflächenphänomen, nicht immer zutrifft.

Von dem histologischen Befund abgesehen, spricht noch ein anderes Moment für eine solche Tiefenwirkung, daß sich nämlich manchmal eine oder zwei Wochen nach Rückbildung der Blitzfigur bräunliche Pigmentationen der Haut (vgl. Abb. VI/11) mit dem Dessin der vormaligen Blitzfigur an der Einschlagstelle geltend machen.

Abb. I/3. Eine durch Hochspannungsentladung (Funken, 28.000 V) verursachte Blitzfigur auf der Brusthaut eines Monteurs, während,

Abb. I/4, seine rechte Handfläche von zahlreichen punktförmigen, grauweißlichen elektrischen Strommarken eingenommen ist.

Abb. I/5. Wie durch elektrische Schweißung herausgeschnittene zentrale Perforation, umfaßt von kranzartigem Hof (ähnlich wie in Abb. III/47 und III/48). Blitzgetroffenes schwarzes Ofenrohr (Eisenblech) mit scharf geschnittener Durchlochung, umfaßt von goldsilberglänzender, geschichteter Auflagerung, auf deren Oberfläche sich gerad- und krummlinige Gestaltungen erheben: plastische Blitzfigur oder gleichsam konform der von FARADAY in § 1599 beschriebenen „fortführenden Entladung nach allen Richtungen zerstreuter Tropfgestalten". Der Glanz ist seit 20 Jahren unverändert und rostfrei geblieben.

Manche Beispiele (Abb. VI/14) lassen erkennen, daß die gekrümmten Linien sich unmittelbar in gerade — oder ungerade — Linien umwandeln.

Abb. I/6. Die auf dem vom Blitz getroffenen Zinnoberspiegel einerseits und auf dem,

Abb. I/7, Pappendeckel (Rückwand des Spiegelrahmens) anderseits befindlichen Blitzfiguren tragen besondere Mannigfaltigkeiten zur Schau: die auf dem Glas des Spiegels (Mitte und rechte Hälfte) und ebenso auf dem Pappendeckel vorhandenen Blitzfiguren stimmen in ihrer dendritischen Anordnung vollkommen überein, nur ist die Beschaffenheit der Figuren durchaus verschieden: auf dem Glas ein blaßgelbes, zartes Tiefrelief, auf dem Pappendeckel ein rotbraunes, plastisches Hochrelief. Es besteht aber noch ein anderer und — kausalgenetisch betrachtet — sehr wesentlicher Unterschied: die radial ziehenden Äste der Spiegelfiguren sind von sehr zahlreichen, feinen, äquidistanten, konzentrischen Ringlinien quer durchsetzt, während die Pappendeckelfiguren ohne solche Ringlinien bleiben und nur die typische Dendritenform aufweisen.

Es erscheint naheliegend, anzunehmen, daß durch den Blitz im ersten Akt das Tiefrelief einer Blitzfigur in den roten Zinnbelag eingraviert und daß wohl in einem zweiten Akt der Blitzaktion das herausgravierte Zinnobermaterial auf die Gegenseite des Pappendeckels transportiert (durch Konvektionsstrom?) und dort deponiert und fixiert (dritter Akt?) worden sei.

Die Rekonstruktion des Entstehungsvorganges der beiden konkordanten und kongruenten Blitzfiguren gestattet die Annahme, daß aus diesem Bild einer *anschaulichen chronometrischen Registrierung eines Blitzschlages* wohl zwei Akte herauslesbar seien, ferner aber auch, daß der charakteristische, morphologische Unterschied der beiden Figuren für verschiedene Wirkungsmechanismen der beiden Akte zu sprechen scheint.

Daß das Hochrelief der Pappendeckelfigur sich nicht als hochrotes Zinnober, sondern als eine rotbraune Substanz präsentiert, ist wohl als eine *stoffliche* Veränderung (vgl. Abschnitt VI) durch den Blitzstrom anzusehen.

Abb. I/8. Fragment eines blitzgetroffenen Amalgamspiegels mit sehr dichter Verästelung einer gelbgrünlich verfärbten Blitzfigur. Beachtenswert die einzelnen punktförmigen, winkelig angeordneten schwarzen Flecken (linke obere Ecke), wohl Reste des Amalgams.

Abb. I/9. Eine plastische Blitzfigur, als „Holzschnitzerei" vom Blitz aus dem starren derben Bast einer tausendjährigen Weide herausgearbeitet.

Abb. I/10. Ein vom Blitz getroffener Ahornast mit eingebrannten typischen Blitzfiguren sowohl auf dem Bast als auch auf dem Splintholz, die genau kongruent sind.

Abb. I/11. Auf der Innenseite einer blitzgetroffenen Feldflasche (vgl. Abb. VII/4) eingravierte Blitzfigur inmitten einer runden Marke, die von einer auf der Außenseite durch den Blitz verursachten zirkelrunden Pressung herrührt.

Abb. I/12. Die blitzgetroffene Haut der rechten Gesäßhälfte und des oberen Anteils des Oberschenkels, die von einer seltsamen, nicht linearen, sondern flächenhaft gestalteten und verzweigten Blitzfigur eingenommen ist; die Blitzfigur bietet nicht das gewöhnliche helleuchtende Hauterythem, sondern eine Art immediater Eintrocknung und Eintrübung der obersten Hautschichten.

B. Farbige Blitzfiguren

Die sich auf verschiedenen Materien unmittelbar nach dem Blitzschlag bemerkbar machenden *rot gefärbten Blitzfiguren* in ihrer typischen, dendritischen Morphologie verdienen als besondere Klasse behandelt zu werden.

Abb. I/13. Auf der rechten Halsseite einer blitzgetroffenen Frau wie mit rotem Farbstift auf die Haut aufgezeichnete gerade, am oberen Ende gegabelte Linie. Die Linie blieb einige Tage in unverändertem Zustand und verlor sich allmählich durch Abschülferung der oberen Epithelschichten.

Abb. I/14. Auf dem weißen Hemdstoff eines durch Blitzschlag tödlich verunglückten Mädchens wie mit rotem Farbstift aufgezeichnete, charakteristische, an Blitzfigur gemahnende Linien. Die Farbe ist seit dem Blitzschlag (zirka 30 Jahre) völlig unverändert geblieben.

C. Blitzfurche, Blitzrinne

Die Blitzfurche ist nicht nur verschieden breit und tief, auch ihr Profil ist außerordentlich verschieden konfiguriert: flach, gewinkelt, scharf oder polygonal, halbkreisförmig, die Ränder steil abfallend oder terrassenförmig gestaltet.

Im Elektropathologischen Museum steht eine blitzgetroffene Eiche (vgl. Abb. VIII/1), die längs des ganzen Stammes eine durchaus gerade, gleichmäßig gestaltete, gefurchte Zone aufweist, als Ausdruck von „Konstanz im Charakter des elektrischen Stroms".

Eine ähnliche und doch unterschiedliche Blitzrinne findet sich an einem blitzgetroffenen Kirschbaum: eine viermal um den Stamm gedrehte, vom Gipfel abwärts zur Erde an morphologischer Charakteristik zunehmende Blitzrinne (vgl. Abb. V/28 b, Juxtaposition), Ausdruck von „besonderer Mannigfaltigkeit im Charakter des elektrischen Stroms" (FARADAY, § 1618).

Abb. I/15. Blitzgetroffene Platinspitze eines Blitzableiters mit einer durch geradlinige, parallele, äquidistante, aus dem Material herausgeschnittene, profilierte Leisten (Leisten in ihrem mittleren Anteil gewinkelt) *strukturierten Blitzrinne.*

D. Blitzröhre

So wie *die Bahn* des elektrischen Stroms, so ist auch dessen — vom Standpunkt der Spurenkunde — vielleicht anschaulichste Versinnbildlichung, die Blitzröhre, durch unübersehbare Mannigfaltigkeiten in der Wechselwirkung von Strom und Materie gekennzeichnet; der Blitzröhre allerdings eignet gewöhnlich der evidente Vorzug der Konstanz der Leitungsbahn, eines geschlossenen Leitungskanals.

Die folgenden Abbildungen von zwei grundverschieden gestalteten Blitzröhren, einer geschlossenen wohlgestalteten und einer zweiten nur in Fragmenten und Rudimenten vorhandenen, sind durch die Notiz zu ergänzen, daß *beide Blitzröhren aus demselben Bereich geologischer Sandmassen,* einem ehemaligen Meeresgrund bei Nossentiner Hütte, Mecklenburg-Schwerin, stammen, wo sie im Juni 1922 ausgegraben wurden [1]; sie sind nunmehr im Elektropathologischen Museum in Wien zur Schau gestellt.

Abb. I/16. Ein Stück (in natürlicher Größe) der zirka $^3/_4$ m langen Blitzröhre erscheint in einem kunstgerechten Aquarell meisterhaft festgehalten; durch den unterlegten Nagel soll die Zartheit und Durchsichtigkeit besser zum Ausdruck gebracht werden.

Die hauchzarte, spinngewebeartige, teilweise aus verglasten Sandkörnchen bestehende Wandung wurde vom Blitzstrom, dessen Stärke mit etwa 50.000 Ampere veranschlagt wird, erzeugt. Das kreisrunde Kaliber des von jeglichem Inhalt freien Rohres erscheint in seinem Entstehungsvorgang von den umgebenden Sandmassen kaum beeinträchtigt, zumal auch bei der vorsichtigen Ausgrabung keine auf irgendeine Veränderung in Lagerung und Bestand der Sandmassen (z. B. Zerwühlungen, zerstreute Verglasungen) deutenden Spuren eruierbar waren.

Die in ihrer Zartheit kaum faßbare, verglaste Rohrwand erscheint durch rhythmische, linksgewundene Streben und Rippen verstärkt und weiter mit Wandgliedern, von denen eines in

Abb. I/17 als „durchbrochene Arbeit" zur Darstellung gelangt, ausgestattet.

Abb. I/18. In der nur aus Bruchstücken einzelner Bauglieder bestehenden, unterbrochenen, rudimentären Blitzröhre fallen drei größere weißliche Körper auf, die aus erstarrtem Gipsmehl bestehen. Um den bei der Ausgrabung sich ergebenden Befund der vielen Unterbrechungen in der Rohrbildung festzuhalten, wurde flüssiges Gipsmehl in die Bohrung der Sandmasse eingegossen. Die Kontur der weißlichen Körper läßt erraten

---

[1] Die beiden hier reproduzierten Blitzröhren wurden unter Leitung des Oberlehrers H. BERG im Föhrenforst von Nossentiner Hütte ausgegraben und einer stilgerechten Bergung zugeführt. Der Name des verstorbenen Forschers H. BERG verdient hier in tiefster Ehrerbietung genannt zu werden.

bzw. erkennen, daß die in der Sandmasse befindliche Bohrung (ohne Wand) allenthalben ein gleich weites zylindrisches Kaliber aufweist. Das zweite neben dem linken Gipskörper sichtbare Bruchstück einer Rohrwand ist das Original zu der in obengenannter Abbildung gezeigten „durchbrochenen Arbeit".

Die vergleichende Betrachtung der beiden genannten, aus gleichem Terrain stammenden Blitzröhren, deren Wandungen aber große Unterschiede aufweisen, bietet für die Bewertung des Entstehungsvorganges (z. B. Frage eines Skineffektes) ungleiche Anhaltspunkte. Es ist nicht bloß der Unterschied im Charakter der Wandbildung, sondern auch noch der Umstand in Erwägung zu ziehen, daß die Rohrwand der geschlossenen Blitzröhre von lockerem Sand umgeben war, und zwar von derart lockerem, daß er bei vorsichtiger Berieselung mit Wasser (um das Rohr von Beimengungen zu befreien) mit dem Wasser auch sofort abfloß.

Bei der unterbrochenen, das ist stellenweise vollkommen ohne verglaste Wandung vorhandenen Blitzröhre war *der Sand* nicht locker, sondern rings um die Bohrung (das ist um den Kanal) auffällig fest gefügt, *sowie derart verdichtet,* daß das Kaliber vom einfließenden Gipsmehl in seinem Bestand unbeeinflußt blieb.

Die Betrachtung der folgenden drei Blitzröhren vermag zu dem Thema der Entstehungsweise so manchen Beitrag zu liefern:

Abb. I/19. Eine doppelte geradlinige — wie aus den beiden Sonden zu entnehmen ist —, durch Hochspannungsentladung verursachte Blitzröhre im Schenkel einer in der Hochspannungsanlage tödlich verunglückten Katze. Die Kanäle sind bis in den Schenkelknochen zu verfolgen; der Zustand der perforierten Muskulatur gibt außer zwei glatten Kanälen weiter keine Desintegration zu erkennen.

Es ist weiter beachtenswert, daß die Einschlagstelle im Fell nur aus *einer* runden Durchlochung — frei von Hitzezeichen — besteht.

Abb. I/20. Eine schwarze, glasartige, flaschenförmige Blitzröhre, ausgegraben aus dem zirka 1 m tiefen Erdreich einer Straße, wo ein Hochspannungskabel durch Erdschluß zerstört worden war. Das ungleich weite Kaliber des zirka 20 cm langen Rohres ist im Bereich seiner breiteren Mündung von einer fingerbreiten Einbuchtung, einem rechtsgängigen Drall, eingenommen.

Durch den Erdschluß wurde das Steinpflaster gehoben und aufgerissen und trotzdem kam es zur Bildung einer geschlossenen Blitzröhre.

Abb. I/21. Ein über daumenstarker Karborundumstab, der zur Erdung einer Hochspannungsanlage diente, erscheint durch Blitzschlag seiner ganzen Länge nach durchbohrt und in Stücke zerbrochen.

E. Experimentelles zur Blitzrinne und Blitzröhre

Die blanken Poldrähte eines Energietransformators (60.000 V) wurden auf die Enden eines zirka $^1/_4$ m langen Brettchens (Fichtenholz) gelegt; daraufhin wurde rasch ein- und ausgeschaltet (vgl. Abb. VII/2). Durch den Funkenüberschlag entstehen auf dem Fichtenholz zwei ziemlich gleich lange, benachbarte, wellenförmige Kerben (Furchen), die mit ihren beiderseitigen Enden zusammenhängen; die eine dieser Furchen erscheint wie mit einem Griffel ins Holz eingepreßt, wobei Farbe und sonstiges Aussehen des Holzes unverändert bleiben; die Furche ist von jeglicher Spur einer Hitzeeinwirkung völlig verschont. Die andere dagegen reicht tiefer ins Holz, ist tief dunkelbraun verfärbt und manifestiert sich als ein Brandmal, ähnlich den auf Holz ausgeführten Zeichnungen der bekannten Brandmalerei (elektrische Enkaustik).

Die objektive Beweisführung, daß die von Hitze freie Furche ebenfalls elektrogener Herkunft sei, liegt im mikroskopischen Schnitt des Querschnitts dieser Furche: die Holzfasern sind in halbkreisförmiger Zone dicht aneinandergerückt, auffällig *verdichtet*, ganz im Gegensatz zu der peripher davon befindlichen, normalen und lockeren Holzstruktur; auch gibt das durch den Strom erzeugte Verdichtungsphänomen keine Zeichen von Desintegration zu erkennen.

Abb. I/22. Das Porzellan eines Hochspannungsisolators, von zwei Gruppen ziemlich gleich konfigurierter Durchschlagskanäle durchzogen (Laboratoriumsversuch).

Abb. I/23a. *Künstliche Blitzröhre:* Ein schmales, $^1/_4$ m langes Holzkistchen wurde mit trockenem Donausand (Quarzsand) aufgefüllt, blanke Poldrähte eines Energietransformators (60.000 V) wurden durch Bohrlöcher (Schmalseite) des Kistchens $^1/_2$ cm tief in den Sand eingeführt; daraufhin wurde ein- und ausgeschaltet (Dauer 1 bis 2 Sekunden). Es bildeten sich drei ziemlich gleich lange Röhren von gleich engem Kaliber (zirka 1 mm), von denen zwei gegensinnige Windungen aufweisen.

Abb. I/23b. Experimentelle Blitzröhre mit *zwei* ihr anlagernden, geraden, gleichdimensionierten, gegensinnigen, aus perlschnurartig gereihten Baugliedern bestehenden *Stäben,* wie zwei Latten eines Baugerüstes in V-Form.

F. Gerade, gekrümmte und Ringlinien

Abb. I/24. Haut des linken Oberschenkels, nach Blitzschlag von einer geraden linearen Hautrötung eingenommen; Ausdruck einer schnurgeraden Entladungsbahn.

Abb. I/25. Haut des rechten Oberarms, nach Blitzschlag von einer oberflächlichen, trockenen, streifenförmigen, in gekrümmter Linie verlaufenden Hautverfärbung (immediate Eintrocknung?) eingenommen.

Abb. I/26. Einzelne sphärische Epithelzellen (Funkenentladung gegen die behaarte Kopfhaut) eines Haarfollikels, in geradlinige, nadelförmige Gebilde transformiert.

Abb. I/27. Ein derartiger Haarfollikel, in seiner Gesamtheit wellenförmig verformt (Funkenentladung gegen die behaarte Kopfhaut).

Abb. I/28. Der mittlere Teil des Haupthaares, in Form einer fast über den ganzen Schädel sich erstreckenden Tonsur in geraden, parallelen Zügen, darin eingesprengt zwei rundliche Tonsuren, Kopfschwarte unverletzt. (Tödlicher Blitzschlag.)

Abb. I/29. Vier durch nichttödlichen Blitzschlag erzeugte, erbsengroße rundliche Tonsuren des Haupthaares, die beachtlicherweise eine Konstellation in Dreieckform bilden; auch in diesem, wie in dem obengenannten Falle, Kopfschwarte unverletzt.

Abb. I/30. Berührung der behaarten Kopfhaut mit dem Leitungsdraht einer Lichtleitung (220 V Wechselstrom) verursacht tiefste Bewußtlosigkeit und eine *scheinbar harmlose* (!), kreisförmige Strommarke der Kopfschwarte. Einige Wochen später tritt der hier abgebildete über münzengroße, kreisförmige, der Beinhaut entblößte Teil des rechten Scheitelbeines zutage, der sich *zwei Jahre später als Sequester loslöst* und zur *vollen Wiederherstellung* führt. Die rezente, scheinbar nur die Kopfhaut stigmatisierende Spur hatte nämlich von allem Anfang an auch den Knochen mitbetroffen und erst viel später zu nekrotisierender Sequestrierung Anlaß gegeben.

G. Zwei Beispiele mit Ausdruck dominierender elektrischer Aktion frappanten Charakters

Die beiden folgenden Bilder mit der großen Signatur der FARADAYschen Kraftlinien, aus denen die Elektrogenese der Spuren ohneweiters herauslesbar erscheint, sind außerdem noch mit anderen Veränderungen behaftet, zu deren Enträtselung sich die gewohnten Kriterien als unzureichend erweisen. Da der dominierende Charakter der elektrischen Aktion in jedem der Bilder einen grundsätzlich verschiedenen Aspekt darbietet, so ist auch eine gesonderte Erkundung erforderlich.

Abb. I/31 bringt die Reproduktion einer durch Blitzschlag erzeugten ausgedehnten, aber nur oberflächlichen Hautverletzung, die sich über die linke Hals- und Rückenhälfte erstreckt; es ist eine leichte Verletzung, die keine Brandwunde ist, sondern sich am Halse wie eine durch Nadeln erzeugte Stichelung und auf Rückenhaut und linkem Oberarm wie eine durch stumpfe Gewalt erzeugte Kontusion darbietet; da und dort fehlt die Oberhaut und läßt die durch Hyperämie rot leuchtende Lederhaut zutage treten.

Am oberen Rande (der Rückenhaut) treten zahlreiche, geradlinige, parallele, wie mit scharfer Nadelspitze erzeugte, kopfwärts ziehende Hautritzer hervor, die wohl die Spur von den über die Haut fahrenden Entladungslinien des Blitzes darstellen.

Frappierend ist hier zweierlei: erstens, daß die beiden ergriffenen, einander nahen Areale der Haut zwei voneinander getrennte Herde bilden und daß auch die als parallele Liniensysteme kopfwärts ziehenden Ritzer scharf absetzen;

zweitens, daß die Natur und die Art der Verletzungen in beiden Arealen verschieden ist: am Hals sind es zahlreiche isolierte *Stichelungen* (Phänomen eines *Diskontinuums*),

am Rücken dagegen ist es ein *einheitliches ausgedehntes,* in sich geschlossenes *Flächenfeld* (Phänomen eines *Kontinuums*).

Die kritische Stellungnahme zu einer hier durchgeführten, unterscheidenden Feststellung ist dadurch gegeben, daß es auf experimentellem Wege gelang, zu erkunden, daß derartige unterschiedliche, morphologische Veränderungen unter dem Minus- und unter dem Pluspol als poldifferenzierte Stromeffekte (vgl. Abb. V/21, Juxtaposition) in Erscheinung treten.

Abb. I/32. Die auf der Haut des Oberschenkels befindliche Blitzfigur bietet ein durchaus normales Phänomen, überrascht aber bei genauer Betrachtung dadurch, daß drei der nach links unten ziehenden Äste nicht dendritisch verästelt, sondern von *geraden, parallelen,* äquidistanten *Linien* eingenommen sind; ferner dadurch, daß die Richtung dieser geraden Liniensysteme *senkrecht* zur Verlaufsrichtung der Achse des jeweiligen Astes steht, aber auch dadurch, daß die Liniensysteme nur den ihnen im Ast überlassenen Raum ausfüllen und gleiches Maß halten sowie — nicht zuletzt — integrativ in die Blitzfigur eingebaut erscheinen.

Diese hier im Rahmen einer Blitzfigur eingebauten parallelen, geraden Liniensysteme finden in den Abb. III/35 und III/36 ihr Gegenstück; dort gelangt auch die Fragestellung „anschauliche mechanistische, auf Auswirkungen des magnetischen Feldes deutende Effekte" zur Diskussion.

II. Regulär geometrische Formen

Das Studium der durch elektrischen Strom verursachten regulär geometrischen Verformungen — sei es an der Oberfläche oder im Inneren der Materie, zumal im Zellinnern — liefert nicht nur charakteristische Kriterien zur Agnoszierung der Elektrogenese, sondern auch willkommene Gelegenheit, zu versuchen, aus dem *Gesetz der Form* den *Sinn des energetischen Prinzips* zu erkunden.

Abb. II/1. Beide Oberschenkel eines blitzgetroffenen Mannes, von symmetrischen, spiegelbildlich gleichen Liniensystemen eingenommen, von gegensinnigen Entladungslinien, die eine elektrische und auch eine bildnerische Einheit vorzustellen vermögen.

Abb. II/2. Regulär geometrischer Haarschnitt in Dreieckform, durch Funkenentladung entstanden, nur einzelne Haare leicht angesengt.

Abb. II/3. Mikroskopischer Hautschnitt einer elektrischen Strommarke am Finger; die regulär geometrische Dreieckform ist aus vormals kugeligen, jetzt geradlinigen, stark (sieben- bis achtmal) in die Länge gezogenen Zellen aufgebaut, wobei alle in gleicher Feldrichtung von links oben nach rechts unten polarisiert sind (elektrischer Unfall).

Abb. II/4. Mittelfinger (Funkenentladung), von zahlreichen punktförmigen Strommarken eingenommen, die eine auffallend komponierte, *figurale Zeichnung in punktierten Umrissen* bilden. Die regulär geometrische, aus gleich distanzierten Punktationen bestehende, oberflächliche Alteration der Haut findet so manche Parallele, z. B. in der in den Abb. V/5 a und b, V/6 dargestellten, auf einem Porzellanisolator befindlichen Blitzspur.

Abb. II/5. Auf einem Blitzableiter eingravierte rhythmische, gerade und teils gekrümmte Rillen, in Winkelform angeordnet.

Abb. II/6. Bild eines Muskelbündels, von vier rhythmisch angeordneten, spiraligen, rechtsgedrehten schwarzen Bändern überlagert, in denen die durch Kontakt mit Wechselstrom (380 V) verursachten Veränderungen ihren Ausdruck finden (Eisenhämatoxylinfärbung). Beachtenswert, daß die in den hellen Zwischenräumen sichtbaren und durch ihre Querstreifung kenntlichen Muskelfibrillen nicht parallel zur Achse der Muskelfaser verlaufen, sondern eine Torsion um 45° nach links erkennen lassen, ferner daß die zarten Muskelfibrillen trotz dieser Torsion und Verlagerung („displacement") keine Desintegration erlitten zu haben scheinen.

Abb. II/7. Mikroskopisches Bild eines Muskelbündels des Herzmuskels (tödlicher Unfall durch 1000 V Wechselstrom); der — in der Mitte des Bildes von links unten nach rechts oben — allein ziehende Strang läßt zahlreiche, rhythmische, linksgedrehte Kerben sehen.

Abb. II/8. Mikroskopischer Schnitt eines Blutgefäßes im Herzmuskel eines Kaninchens, im unteren Winkel des Gefäßes drei stark in die Länge gezogene und korkzieherartig gedrehte Kerne *(Experiment)*.

Abb. II/9. Zwei rundliche Ganglienzellen des Hirns (tödlicher Stromunfall) mit rhythmischen Prominenzen (durch Strom verursachte, rhythmisch abgesetzte Verklumpungen des Zellplasmas), wodurch auf der Oberfläche der Zellen rhythmische Vorwölbungen in Erscheinung treten. Ein ähnliches Phänomen im folgenden Bild.

Abb. II/10. Erdungsdraht (Kupfer) mit rhythmisch gereihten Schmelzperlen — intermittierenden Entladungen (Blitzschlag).

Abb. II/11. Mikroskopisches Bild einer Holzfaser von einer blitzgetroffenen Fichte mit einer Bänderung, bestehend aus ungemein zarten, quer zur Faserrichtung verlaufenden segmentären Kerben; eine Desintegration der Faserstruktur ist nicht beobachtbar.

Abb. II/12. Blitzableiter mit ähnlich konfigurierter Bänderung — wie im vorstehenden Fall —, bestehend aus zarten, quer zur Richtung des Blitzableiters verlaufenden Kerben.

Abb. II/13. Detailaufnahme eines Herdes aus einem großen Drahtnetz eines Kirchenfensters (Abb. IV/14), das mit einer Auflagerung von Steinguß behaftet ist. Der zwecks genauer Untersuchung mit scharfem Messer ausgeführte spitzwinkelige Spalt, tief in die Substanz der Auflagerung, läßt sehen, daß die grau gefärbte, leicht schneidbare Masse (Auflagerung) an dieser Stelle aus *drei* Schichten besteht, die ebenso wie die vorgenannten Spuren auf *sukzessive Entladungen* zu deuten scheinen.

Der Entstehungsvorgang der Auflagerung vermag aus Erhebungen rekonstruiert zu werden: durch den Blitzschlag erlitt das Gestein der Klosterkirche oberhalb des zum Schutz des großen Kirchenfensters dienenden Drahtnetzes eine deutlich sichtbare Beschädigung in Form von streifenförmigen Abschürfungen, vermutlich mit stofflichen Veränderungen durch die thermisch-chemische Aktion des Blitzstroms vereint.

Das dadurch mobilisierte Material (Produkt) dürfte dann (Funken oder Konvektionsstrom?) auf das darunter befindliche Gitter „fortgeführt" und dort deponiert worden sein, vielleicht ähnlich, wie es mit der Zinnoberblitzfigur auf dem Pappendeckel (vgl. Abb. I/6, I/7) der Fall war.

Der allfällige Einwand, daß es sich um eine simple Spritzfigur — also um eine falsche Blitzspur — handeln dürfte, ist nicht fundiert, und zwar aus doppelten Gründen: die aus Steinguß bestehende Substanz bekundet durch die Art und Weise, wie davon die Drähte des Netzes belegt und umfaßt werden, eine besondere Relation mit dem Draht; so ist z. B. bei der über die ganze Breite des Netzes stattfindenden Verteilung der Auflagerung immer nur der Draht, niemals aber eine Masche, das ist ein Zwischenraum der Drähte, vom Steinguß eingenommen; aber noch eine zweite Feststellung kommt in Betracht. Das obige Bild enthält dort, wo der spitzwinkelige Ausschnitt vorgenommen wurde, eine auffällig deutliche Schichtung. Diese *dreifache Schichtung,* diese abgesetzten Spuren, sprechen schon allein *gegen die Annahme einer Spritzfigur.*

Abb. II/14. Auf der Innenseite einer durch Kurzschluß zerstörten Lampe eine ornamentale, aus symmetrischen Hälften bestehende Zeichnung.

Abb. II/15. Auf der Innenseite einer durch Kurzschluß zerstörten Lampe zwei gleiche Voluten aufgezeichnet: bilateral symmetrisch, Bild entgegengesetzter Bahnkrümmungen.

Abb. II/16. Eine in die Innenseite einer blitzgetroffenen Glasflasche wie mit Glaserdiamanten eingeritzte Figur gegensinniger Entladungslinien, die wohl nicht streng geometrisch ausgefallen ist.

Abb. II/17. Eine *ornamentale, kunstvoll verschlungene,* streng proportionierte *Linienzeichnung glasartiger Beschaffenheit,* die sich aus mehreren gleichdimensionierten und ähnlich konfigurierten, zarten Reliefbildern — aus glasartigen Streifen, striae — auf der Oberfläche eines roten Dachziegels zusammensetzt, entstanden durch Blitzschlag; die Streifen haften dem Ziegel fest an.

Die Glasur dieser Linien wurde wohl durch die chemische Aktion des Blitzes aus dem Ziegel (Ton, Kaolin, Quarzsand, Lehm) abgespalten.

Auf der stark vergrößerten Schwarz-Weiß-Zeichnung der paßförmigen Rosette auf dem Ziegel oben als einheitlicher Herd (Spur) das winzige linsengroße Original. Die wirklichen Größenverhältnisse sind aus den drei übereinander angeordneten Zeichnungen zu ersehen: die oberste Zeichnung ist die glasartige Spur auf dem Ziegelsplitter in ihrer wahren Größe (in der Reproduktion auf die Hälfte verkleinert).

Es gelang auf *experimentellem Weg,* durch Schmelzflußelektrolyse im elektrischen Lichtbogen ein glasartiges, schwarzes Schmelzprodukt zu erzielen: im Lichtbogen wurde zwischen zwei soliden Kohlenstiften (1 bis $1^1/_2$ cm Distanz) eines Gleichstroms (100 V und zirka 10 Ampere) ein daumengroßes Fragment des Ziegels zirka 5 bis 10 Sekunden zur Einwirkung gebracht. Der Versuch wurde mit einem zweiten Fragment wiederholt und ergab ein gleiches Resultat.

Abb. II/18. Unter den zahlreichen und mannigfaltigen Spuren gibt es kaum ein Beispiel, das sowohl den Stil analytischer Betrachtung als auch die kausalgenetische Prüfung so einfach und überzeugend zu gestalten vermöchte als die *vollendete Rundbogenskulptur im Porzellan* eines blitzgetroffenen Isolators: das naturwahre, *mathematischer Präzision* entsprechende „Kunstwerk" darf den *Blitzstrom seinen Bildner und Gestalter* nennen.

Abb. II/19. Auch die Spur der blitzgetroffenen *Stahlschraube* manifestiert sich als ein *streng mathematisch komponiertes,* aus zahlreichen, gleich großen, konzentrischen Ringlinien bestehendes Phänomen, wie eine durch eine Stanze in Metall getriebene Punze, wie ein Querschnitt von „Kraftröhren".

Die vom Blitz getroffene, zirka 5 cm lange Stahlschraube war in einen Holzbalken des Glockenturms einer Kirche eingeschraubt; der mächtige Holzbalken wurde geknickt, die Stahlschraube aber gewann durch die *kunstvoll ausgeführte Prägung den Wert einer Kunstform der Natur.*

Abb. II/20. Durch Blitzschlag eingravierte, bilateral symmetrische, gegensinnige Liniensysteme; durch Hochschleudern des Emails sind diese Gravierungen im Eisenblech der blitzgetroffenen Milchkanne sichtbar geworden.

Abb. II/21. Eine Momentaufnahme eines konkreten Bildes lebendiger Bewegung, und zwar eine *synchronisierte, stereoskopische Aufnahme einer Lichtbogenentladung* eines Energietransformators (Wechselstrom 70.000 V, Schlagweite 35 cm).

Die experimentell gewonnene Aufnahme mit ihren deutlichen Entladungslinien vermag zur Versinnbildlichung der hier erörterten, regulär geometrischen Formationen ihren Teil beizutragen.

III. „Mechanische Kraft"

Die Verfolgung der auf mechanische Kraft zurückzuführenden anschaulichen Veränderungen der durch Stromdurchgang Platz greifenden Stromeffekte erweist sich als ein ergiebiger Weg, Einblick in die Natur der elektrischen Kräfte und zugleich auch in allfällige morphologische und innerstrukturelle Alterationen der Materie zu gewinnen.

Die Ergiebigkeit des neuen Weges ist um so zuverlässiger, wenn es um Veränderungen geht, die frei von Zeichen thermischer oder chemischer Aktion sind, wenn also nur rein mechanische Kraft im Spiele war. Die strenge Wahrung und Einhaltung dieser Methode der Wahl ist um so mehr ein Erfordernis, weil die auf eine große Anzahl verschiedentlichster Stromspuren ausgedehnten Untersuchungen erkennen lassen, daß der auf Auswirkungen von mechanischer Kraft deutende Charakter der Veränderungen ein solcher ist, daß daraus mechanische Kraft als Causa movens ohneweiters herauslesbar ist, oder aber ein solcher, der wohl unter dem Begriff Mechanik, aber einer *unvorstellbaren,* vielleicht *rätselhaften Mechanik* zu subsumieren wäre.

Der Aspekt mancher Phänomene — die weiter unten exemplifiziert werden —, für deren Auswirkungen keine Parallele, keine Analogie weder in der Praxis des Alltags noch in den Lehren und Normen der klassischen Mechanik vorhanden ist, weist manchmal doch noch diese oder jene Facette auf, die auf den ersten Blick wohl für mechanische Kraft spricht, aber, kritisch betrachtet, eine *„mechanische Kraft höherer Relation"* zur Bedingung haben dürfte, d. h. eine solche, die über die gewöhnliche Vorstellung „mechanische Kraft" weit hinausgeht.

Diese genaue Unterscheidung zwischen den genannten verschiedenen Wirkungseffekten der mechanischen Kraft des Stroms ist keine Theorie, sondern ein aus der Betrachtung der Spuren herauslesbares Faktum.

Die Bedeutung dieses Befundes dokumentiert sich auch darin, daß die von FARADAY betonte „direkte Relation von elektrischen Kräften und Materie" sich in Phänomenen einer „mechanischen Kraft höherer Relation" oder in *Phänomenen einer unvorstellbaren Mechanik* zeigt und daß sich diese Relation sehr oft als eine besonders *intime, subtile Assoziation* — innigste Zusammenschließung — von Strom und Materie manifestiert: es ist diese Assoziation, die sich besonders in mikroskopischen Bildern der lebenden Substanz enthüllt, in der sich die Vorstellung von *schwer zu erfassender* mechanischer Kraft, aber auch die Problematik der *Wandlungsfähigkeit der lebenden Substanz*, der Filamente des Zellplasmas und der Substanz des Zellkernes, widerspiegelt.

Bis zu welcher Tiefe des Zellinnern diese unvorstellbare mechanische Kraft — deren Effekte sich manchmal auch als reversibel erweisen — hinabreicht und welche intime, subtile Assoziation sie mit der Materie einzugehen imstande ist, dafür ist der schon eingangs erwähnte und im V. und VI. Abschnitt illustrierte, *transiente Funktionswandel der elastischen Substanz* wohl ein einwandfreier Beweis.

Wohl sind Natur und Charakter der auf Auswirkungen des magnetischen Feldes (vgl. Abschnitt III D) deutenden Stromeffekte noch in Frage gestellt, trotzdem darf deren Causa movens der genannten „höheren Relation" (recte „schwer vorstellbare mechanische Kraft") beigesellt werden, zumal die genannte, zur Charakteristik der magnetischen Kraft *von* FARADAY *gewählte Bezeichnung „mechanische Kraft höherer Relation"* in den weiter unten reproduzierten Spuren ihre adäquate Prägung zu finden vermag.

Und so wie bei anderen Phänomenen der Spurenkunde fehlen auch hier nicht Kontrastphänomene. Ist in der Serie der genannten Phänomene die mechanische Kraft, zumal die unvorstellbare mechanische Kraft, mit ihrer intimen Assoziation der Materie, besonders der lebenden Substanz, als ein *konstruktives Prinzip* vorherrschend, so lassen wieder andere Phänomene erkennen, daß manchmal diese mechanische Kraft höherer Relation mit Auswirkungen von *Dissoziation,* von Desintegration, ja sogar auch mit *Destruktion* einhergeht.

Aus den Spuren *nicht-konstruktiven* Charakters sind zwei grundverschiedene Typen herauslesbar:

die einen Spuren scheinen auf *Wirkungsmechanismen eines Wirbelfeldes* zu deuten,

die anderen überraschen dadurch, daß die Spur sich als *ein Doppelbild* manifestiert, das aus zwei verschieden gestalteten und *benachbarten Bildern* — Juxtaposition — besteht, die — wie experimentelle Untersuchungen lehren — aus den verschiedenen, unter dem Plus- und Minuspol auftretenden morphologischen Veränderungen der Materie, das ist *aus poldifferenzierten Stromeffekten,* bestehen.

Die beiden Typen — *Vortexfeld* und *Juxtaposition poldifferenzierter Stromeffekte* — erscheinen teils in diesem Abschnitt, E, und eingehend im Abschnitt V erörtert und in Abb. VII/7 (rechter oberer Rand des großen Duraloches) als Wirbelgebilde exemplifiziert.

A. „Mechanische Kraft" regulärer Art

Schon die folgende Gegenüberstellung einer *blitz*getroffenen Durchlochung von Eisenblech und Durchlochung nach *Gewehr*durchschuß macht die auffallende Ähnlichkeit der Effekte evident, zugleich aber auch die Schwierigkeit einer auf Unterscheidung gerichteten Prüfung; das Eingeständnis einer solchen Schwierigkeit ist zugleich ein Argument zugunsten der Echtheit der zur Diskussion stehenden „mechanischen Kraft".

Die weiteren Beispiele und deren kausal-analytische Betrachtung liefern Anhaltspunkte für die Durchführung einer solchen Prüfung, die für Theorie und Praxis gleich wichtig ist.

Abb. III/1. Eisenblech mit kraterförmigem Einriß durch Blitzschlag (ohne Hitzezeichen).

Abb. III/2. Weißblech mit kraterförmigem Einriß durch Gewehrschuß (ohne Hitzezeichen).

Abb. III/3. Haut der Ferse mit kraterförmigem Einriß durch Erdschluß.

Abb. III/4. Haut mit kraterförmigem Einriß nach Durchschuß.

Die folgenden drei Bilder, Verletzungen der Finger durch innige Berührung mit Nieder- oder Hochspannung, präsentieren sich als sogenannte „traumatische Verletzungen", z. B. Schnittwunden usw., und bieten in ihrem rezenten Stadium für die *Unterscheidung* „Schnittwunde oder elektrische Verletzung" keine Anhaltspunkte, die nicht nur wegen therapeutischer, sondern manchmal auch wegen strafrechtlicher Fragen, z. B. Selbstmord oder Mord durch Elektrizität, von Wichtigkeit ist.

Abb. III/5. Rechte Hand, Daumen und Mittelfinger durch 110 V Gleichstrom verletzt, wie frische Schnittwunden.

Abb. III/6. Linke Hohlhand, vierter, fünfter Finger (Berührung 380 V Wechselstrom), wie alte Schnittwunden.

Abb. III/7. Linker Daumen durch 28.000 V Wechselstrom, wie eine Schnittwunde (Selbstmord).

Abb. III/8. Eine durch Funkenentladung 10.000 V Wechselstrom scharf begrenzte, vertiefte, elliptische Strommarke der Rückenhaut. Die knorpelharte Strommarke besteht aus einer Verdichtung, Zusammenpressung der Hautschichten, frei von Hitzespuren; die histologische Untersuchung folgt in der nächsten Abbildung:

Abb. III/9. Histologisches Präparat der genannten Strommarke: die linke Hälfte des Präparates zeigt ein auf mechanische Kraft zurückzuführendes, stratifiziertes, dünnes Gewebe, das sich gegen die rechte und normal gebliebene Hälfte *scharf absetzt*. Eine solche determinierte Grenzlinie ist charakteristisch für elektrische Strommarken, nämlich für das ihnen zugrunde liegende elektrische Feld.

Abb. III/10. Stromgetroffene Fingerbeere, weist keine typische Strommarke auf, sondern nur eine linsengroße, lichtere Hautstelle, die glatt ist und einen Glanz reflektiert; bei Lupenbetrachtung enthüllt sich diese umschriebene, nicht verletzte Hautpartie mit Verlust ihres daktyloskopischen Reliefs: es geht hier um eine Alteration der Haut, bedingt durch Niederpressung und Einebnung der Koriumpapillen, was *transitorisches Verschwinden des daktyloskopischen Reliefs* zur Folge hat.

Die Koriumpapillen büßen vorübergehend ihre Elastizität ein, sie manifestieren sich *modellierbar*, aber 24 bis 26 Stunden später ist ihr Status quo ante wieder hergestellt.

Die Auswirkung der mechanischen Kraft an *blitzgetroffenen Bäumen* ist sehr mannigfaltig und nicht immer als Autonomie des Blitzes zu deuten, wie die in der nächsten Abbildung reproduzierte Blitzrinne einer Ulme sehen läßt.

Abb. III/11. Eine vor vielen Jahren vom Blitz getroffene Ulme mit einer aus zwei entgegengesetzten Wellenzügen bestehenden Spur, die wohl vom Blitz, aber genau in *Verfolgung des Faserverlaufes* der Holzsubstanz gezogen ist.

Abb. III/12. Das hier reproduzierte, aus dem Stamm einer anderen blitzgetroffenen Ulme herausgeschnittene Holzstück läßt deutlich erkennen, wie durch den zirka 15 m über dem Boden erfolgenden Einschlag ein wie mit scharfer Messerspitze erzeugter Schnitt in die Faserung eindringt, aber gleich die Richtung wechselt und in flachem Bogen die *Faserung traversiert*, und schließlich doch längs der Faserung wieder weiterzieht.

Abb. III/13. Breite Blitzrinne, in die auch die obersten Schichten des Splintholzes mit einbezogen erscheinen, die doch streng median eine schmale Leiste im Niveau des vormaligen Splintholzes weiter bestehen läßt.

Abb. III/14. Der Zinndeckel eines blitzgetroffenen Steinkrugs weist am Rand, und zwar an seiner Oberseite, eine tiefe Einbeulung auf.

Abb. III/15. Unterseite des Zinndeckels mit Einkerbungen rechts und links neben der großen Eindellung; trotz dieser Verformungen ist die Mündung des Steinkrugs unversehrt geblieben.

Abb. III/16. Eine vom Blitz getroffene Jagdpatrone (Messing) erscheint ihrer ganzen Länge nach wie durch Hieb mit einem scharfen Instrument *geradlinig gespalten*, die kleinere Hälfte der Patrone seitlich abgebogen und leicht torquiert. Das Pulver der Patrone war auf dem Tisch der Jagdhütte verstreut und nicht in Brand geraten. Bezüglich etwaiger Annahme, daß die Zeit der Zündung zu kurz gewesen sein dürfte, erscheinen winzige Schmelztröpfchen auf der Patrone von Belang.

Abb. III/17. Der Kopf eines schweren, vom Blitz getroffenen Eisenhakens erscheint wie durch einen Hieb mit einem scharfen Instrument gespalten; dabei wurde die eine Hälfte abgebogen, der geradlinige, tiefreichende Spalt setzt sich in einen *zickzack* verlaufenden Riß fort.

Abb. III/18. Eine vom Blitz getroffene sechskantige Blitzableiterspitze weist am unteren Ende einer Kante einen tief in das Material eindringenden Spalt (oder Einriß?) auf. Bemerkenswert, daß der isolierte Spalt nicht bis zum untersten Rande des Sechskants reicht, daß der Spalt an seinem oberen und unteren Ende keinerlei Fortsetzung aufweist und daß eine „Lippe" des Spalts klafft und wie ausgebaucht erscheint; keine Zeichen einer Hitzewirkung. Dieses Phänomen gemahnt an die durch Stromdurchgang manchmal in der Mitte eines *Knochens* ganz isoliert erzeugten Spalten, sogenannte Knochenschisis, vgl. Abb. III/22.

Abb. III/19. Deckel einer blitzgetroffenen Milchkanne (Eisenblech), auf deren Unterseite eine tiefe, lineare Knickung und Zusammenquetschung (Stauchung) sichtbar ist. Die Frau, der die Kanne aus der Hand geschleudert wurde, blieb vom Blitz unverletzt.

Abb. III/20. Kolben eines blitzgetroffenen Militärgewehrs, von einem länglichen, den Kolben durchsetzenden Spalt ergriffen. Der Soldat blieb unverletzt. Zu beiden Seiten des Spalts — links oben und zweimal rechts unten — winzige, runde, weißgelbliche, festhaftende Auflagerungen (?).

Abb. III/21. Ein Knabe, der in unbesonnener Weise die Stifte eines elektrischen Steckers (von einem Heizapparat) mit den Lippen erfaßte, erlitt eine Spaltung der Unterlippe.

Abb. III/22. Anläßlich eines elektrischen Unfalls — Stromdurchgang von Hand zu Fuß — entstandene Spaltbildung *(Knochenschisis)* an der Basis der Mittelphalanx eines Fingers (Röntgenaufnahme).

Abb. III/23. Mikroskopischer Knochenschnitt einer solchen, *experimentell* erzeugten Knochenschisis in einem Wirbelkörper, wo zwei Risse manifestiert sind.

Sehr beachtenswert sind die sich in der Mitte des längeren Spalts zeigenden allerfeinsten Zacken; diese herausragenden Zacken entsprechen den Enden einzelner Knochenbälkchen, die nicht frakturiert, sondern wie aus dem Falz (der Gegenseite) anläßlich der Entstehung des Spalts herausgehoben erscheinen.

B. „Mechanische Kraft" höherer Relation

Die Betrachtung der im vorigen Abschnitt erörterten Spuren, denen Aktionen mechanischer Kraft regulärer Art supponiert werden, gestattet so manche Annäherung an das wichtige Principium fiendi. Doch für die Erkundung mancher durch Stromdurchgang erzeugter Veränderungen der Materie, die in diesem und im folgenden Abschnitt zur Diskussion gelangen, ist die Annahme von mechanischer Kraft regulärer Art unzutreffend: da gibt es Verformungen und Gestaltungen ganz besonderen Charakters, denen auch *ganz besondere Wirkungssysteme* zugrunde liegen dürften, deren Erfassung schwierig ist, weil es an Erfahrung und auch Vorstellung über das hier stattgehabte Principium fiendi fehlt.

Es ist nur korrekt, von einer mechanischen Kraft höherer Relation oder von *unvorstellbarer mechanischer Kraft* zu sprechen.

Dieser bei Betrachtung solcher Spuren sich geltend machende Mangel eines Ausblickes ist zugleich ein Vorteil, zumal diese vielfach rätselhaften Phänomene eine Vorstellung von der „Natur der elektrischen Aktion" vermitteln, eine Vorstellung, die auf bisher unbekannten Bildern beruht.

Ist z. B. schon ein durch Blitzschlag verformter *halbplättig* sich manifestierender *Lichtleitungsdraht*, ohne Zeichen von Gegenkräften oder von Hitzewirkung, ein sehr instruktives Kuriosum, so wird die wissenschaftliche Bedeutung einer kritischen Betrachtung gerade solcher Spuren durch die in Abb. III/26 dargestellten reliefartigen Konfigurationen auf der Avers- und Reversseite eines kleinen *papierdünnen Lederteilchens* — eines blitzgetroffenen Bauernstiefels — ad oculos demonstriert: ist es schon unvorstellbar, auf welche Weise ein Blitzstrom auf einem papierdünnen Lederteilchen ein *kanneliertes Tiefrelief* mit einem kunstgerechten Motiv einer „durchbrochenen Arbeit" einträgt, so ist es noch verwunderlicher, daß sich eine ähnlich feine, kaum vorstellbare Arbeit *auch auf der Gegenseite* dieses papierdünnen, an einen Mikrotomschnitt gemahnenden Plättchens vorfindet.

Beachtenswert ist, daß dieses *kunstvolle Relief* mit dem Motiv durchbrochener Arbeit große Ähnlichkeiten mit dem in Abb. I/17 reproduzierten Bauglied einer Blitzröhre aufweist.

Abb. III/24. Reproduktion eines zirka 20 cm langen Stückes eines kupfernen Lichtleitungsdrahtes, der, zwischen zwei Holzmasten gespannt, vom Blitz getroffen, zerrissen und in obengenannter Länge *halbplättig (plankonvex)* verändert wurde: eine absonderliche Form und doch *weder eine getriebene*, noch *eine gedruckte Arbeit;* es sind auch *keine Zeichen von Gegenkräften* oder Hitzewirkung vorhanden!

Abb. III/25. Eine kegelförmige Blitzableiterspitze, die durch Blitzschlag eine korkzieherartige Drehung ihrer Spitze und eine ausgesprochen *plane Abflachung* (vgl. Abb. III/24) ihrer runden Kontur erlitten hat. Die scharf umschriebene Abflachung — ebenfalls ohne Zeichen von Gegenwirkung — befindet sich etwa in der Mitte des Bildes, und zwar am unteren Ende des hellen Streifens.

Abb. III/26. Ein beiläufig münzengroßes Teilchen vom Futterleder eines durch Blitzschlag arg beschädigten Bauernstiefels mit frappierenden Veränderungen rein mechanistischen Stils und vollkommen frei von Hitzezeichen. Das *kannelierte Tiefrelief* und das außerordentlich kunstvolle Motiv einer „*durchbrochenen Arbeit*" — beiläufig im Zentrum als eine Spindel bzw. Rosette inmitten einer Ausnehmung — finden sich *auf beiden Seiten* des papierdünnen, oben beschriebenen Lederplättchens.

Abb. III/27. Ein auch einen sehr erfahrenen Histologen verwirrendes Bild, das mit allen Erfahrungen im Widerspruch steht: die langen welligen, parallelen fadenförmigen Gebilde sind Verformungen, und zwar durch den Stromdurchgang in die Länge gezogene und in gleicher Richtung orientierte, mit Immersionslinse normalerweise eben noch wahrnehmbare *Füßchen der Basalzellen* des Rete Malpighii. Diese außerordentlich in die Länge gezogenen Gebilde sind trotzdem mit ihren beiden Enden in scheinbar unversehrter Verbindung geblieben, und zwar sowohl mit ihren Zellen oben als auch mit der Lederhaut unten.

Nicht nur die hier stattgehabte Mechanik, das ist die *unverständliche Elongation* von vormals winzigen histologischen Elementen, sondern auch die *Umgestaltungsfähigkeit des Gewebes* sind als ungewöhnliche, *schwer zu erfassende Geschehnisse zu bezeichnen.* Die sich dabei manifestierende, *intime, subtile Assoziation des Stroms* einerseits, das ist einer mechanischen Kraft höherer Relation, und *der lebenden Substanz* anderseits, eine Assoziation, die *ohne Desintegration* und auch *ohne Einbuße tinktorieller Fakultät* einhergeht, verdient in besonderes Licht gerückt zu werden!

Abb. III/28. Ein ähnlich geartetes, bisher in der Histologie nicht gesehenes Phänomen ist die durch Stromdurchgang auch *immediat* entstandene *Vakuolisierung von zwei Endothelzellen* der Tunica intima einer Präkapillare im Hirn des Opfers eines tödlichen Unfalls: die vormals rein flächenhafte Endothelzelle der zarten Intima erscheint blasenförmig transformiert (besonders deutlich in der linken oberen Ecke) und auffällig in die Lichtung prominent.

Abb. III/29. Auf *experimentellem* Weg erzeugte, kugelförmige Ausbuchtungen von Endothelzellen einer Nierenarterie (Kaninchen); auf der linken Seite der becherförmigen, fast das ganze Bild einnehmenden Nierenarterie springen vier blasenförmige Endothelien, perlenartig gereiht, in das Lumen vor.

C. „Mechanische Kraft" unvorstellbaren Stils

Die Serie der hier ressortierenden Phänomene setzt eigentlich schon mit den drei letzten Beispielen des vorhergehenden Abschnittes ein. Hier wie dort geht es um unerklärbare Wirkungsmechanismen unter dem Zeichen einer besonders innigen Zusammenschließung von Strom und Materie: *der Strom wirkt sich eher konstruktiv aus.*

Abb. III/30. Durch Blitzschlag verursachte Tätowierung der Haut des Halses an jener Stelle, wo sich ein dünnes Goldkettchen befunden hatte. Im Bilde der Tätowierung spiegelt sich jedes einzelne der dünnen Glieder der Kette wider.

Die andere Hälfte des Kettchens hinterließ auf der weißen Seidenbluse, über die es hinwegzog, eine ähnlich konfigurierte Tätowierung.

Ein Faden dieses Blusenstoffes, in chemischer Spektralanalyse verfunkt, ließ feststellen, daß es sich um Metallisation mit Silber, Kupfer und Gold handelt.

Das Seltsame besteht darin, daß die Haut des Halses kaum eine Verletzung aufwies und daß die Konfiguration der Tätowierung genau das Muster der Kettenglieder und deren normale Verkettung wiedergab und daß in der Umgebung der Tätowierung keinerlei Zeichen von Reaktion feststellbar waren.

Abb. III/31. Am rechten Fußrücken nach Hochspannungsunfall — Erdung mit beiden Füßen — keine wesentlichen Verletzungen, dafür zwei Merkwürdigkeiten, deren Entstehungsvorgang schwer zu deuten ist: die Sohle unverletzt, am Fußrücken aber ein deutlicher *Abklatsch* des schwarzen, gestrickten *Strumpfmusters,* wie in die Haut eingepreßt, und außerdem ein kreisrunder, zirka linsengroßer, schwarzer Gegenstand in die bloßliegende Kutis wie eingestanzt und festhaftend, dessen Herkunft und Beschaffenheit erst durch Nachweis einer runden, wie ausgestanzten Lücke im schwarzen Strumpf geklärt zu werden vermochte.

Abb. III/32. Ein Muskelbündel des Deltamuskels — tödlicher Unfall durch 5000 V Wechselstrom —, eingenommen von einer spiraligen, linksgedrehten Bänderung, durch die hindurch — besonders im Bereich der drei obersten Spiralengänge — die Struktur der einzelnen Muskelfibrillen, und besonders deren Querstreifung, deutlich wahrnehmbar ist.

Es ist schwer, sich über das Substantielle der Spur, der Bänderung, eine Vorstellung zu machen, ebensowenig aber auch darüber, wie Muskel-

fibrillen und die über sie gebreiteten Spiralengänge eigentlich zusammenhängen. Die Spiralen gemahnen eher an ein Schattenbild als an eine stoffliche Veränderung, daher ist die Bezeichnung *Stromschattenfigur* wohl
angezeigt, um die Aufmerksamkeit auf die *unerklärbare Stromspur* zu
lenken.

Abb. III/33 a. Ein durch Einwirkung eines Hochfrequenzstroms in mehrere, ziemlich gleichgestaltete Einzelglieder — büschelförmig — zerlegter
Mediakern eines Nierengefäßes (Kaninchen, *Experiment*).

Das Unvorstellbare liegt darin, daß eine halbflüssige Substanz des Zellkernes in mehrere, fadenförmige, gleich dimensionierte Einzelglieder zerlegt zu werden vermag und daß deren Separation weiterbesteht, und daß
das tinktorielle Verhalten dieser Zellteilchen vollkommen unbeeinflußt geblieben ist.

Abb. III/33b. Das derbe, steinharte, strukturlose Kambium einer uralten
Weide, durch Blitzschlag in zahllose, allerfeinste, fadenförmige Einzelglieder — in Pinselform — zerlegt.

Abb. III/34. Über dem bogenförmigen Ausschnitt eines zirka daumengroßen Lederteilchens eines blitzgetroffenen Stiefels ist ein *dünner Faden,
wie eine Sehne,* straff gespannt; die beiden Enden des Fadens stehen mit
dem Leder in innigster — beiderseits durch Aufspleißung in zarte Fäserchen — Verbindung. Der mittlere Teil des Sehnenfadens gibt eine flache
Schleifenbildung und Torsion zu erkennen.

D. Anschauliche, mechanistische, auf Auswirkungen des elektromagnetischen Feldes deutende Effekte

Wie schon in der Einführung betont, geht es bei dieser Kategorie von
Spuren um Bilder, für die es — von Laboratoriumsversuchen mit Eisenfeilspänen abgesehen — *keine Vorbilder und keine Mitteilungen in der
wissenschaftlichen Literatur* gibt. Da aber die hier zur Darstellung gebrachten Veränderungen der Materie eine durchaus übereinstimmende
Charakteristik aufweisen, in der die Mechanistik und die *Einfachheit der
geprägten Form* allgemein vorherrscht, so dürfte wohl solchen Spuren in
einem der „mechanischen Kraft" gewidmeten Abschnitt der Platz nicht
verwehrt werden.

Man darf es der Vorbringung dieser Frage zugute halten, daß auch
hier die *klassische Blitzfigur* den Reigen dieser Spuren eröffnet: es war
die in Abb. I/32 reproduzierte Blitzfigur (am Oberschenkel) mit ihrem
integrativ eingebauten geraden, parallelen, äquidistanten Liniensystem, die
die wichtige Frage nach dem Transversalphänomen des Magnetismus aufwerfen ließ und die in einer anderen, äußerlich wohl grundverschiedenen
Spur, nämlich den *konzentrischen Ringliniensystemen* (Abb. III/37 c), von
denen die durch Funkenentladung erzeugten Bohrlöcher im Os parietale
umfaßt erscheinen, ihr Gegenstück, recte eine *logische, kompositionelle
Einheit* finden ließ.

Die folgenden zwei Abbildungen zeigen, daß die obengenannte, am
Oberschenkel befindliche Blitzfigur mit ihrem integrativ eingebauten, geraden Liniensystem kein zufälliger Befund ist.

Abb. III/35. Auf der *Platinspitze* eines Blitzableiters ein breitspuriges, sich schwarz präsentierendes Bild einer tief ins Platin eingravierten Blitzfigur; der rechte, das Bild diagonal durchsetzende Ast dieser Figur zeigt nahe seinem Ende eine Abflachung, ja eine geradlinige Begrenzung, zu der drei gerade, parallele, äquidistante Linien (Gravüren) *streng senkrecht* stehen.

Abb. III/36. Eine ebenfalls vom Blitz getroffene Blitzableiterspitze (Messing) mit eingravierten, von Hitzezeichen freien Blitzfiguren mit einem geraden, äquidistanten, parallelen Liniensystem, eingebaut zwischen den beiden nach rechts oben gerichteten Ästen.

Abb. III/37 a. Ein zirka münzengroßer Sequester des *Scheitelbeins* eines stromgetroffenen Mannes (abgefallen drei Monate nach dem Unfall) ist von vier durch die Funkenentladung verursachten winzigen, kreisrunden — eines davon ist elliptisch — Bohrlöchern durchsetzt; jedes von den drei Bohrlöchern ist von einem Kranz (25 bis 28) kreisrunder, konzentrischer, zart in die Knochensubstanz eingravierter Ringlinien umfaßt.

Abb. III/37 b. Innere Ansicht, Spongiosa. Sehr beachtenswert, daß sich diese drei konzentrischen *Ringliniensysteme* sowohl auf der *Außen-* als auf der *Innenseite* des Knochens, streng kongruent und sich in ihrer Lokalisation genau deckend, vorfinden.

Abb. III/37 c und d. Beide Ringliniensysteme, Avers und Revers, 34mal vergrößert.

Abb. III/38 a[1]. Blitzgetroffenes Ofenrohr (Eisenblech) mit winziger Perforation, umfaßt von konzentrischem Ringliniensystem, in dessen Zentrum eine nippelartige Erhebung sitzt — Aversseite (vgl. Abb. V/14, poldifferenziert, Pluspol).

Abb. III/38 b. Blitzgetroffenes Ofenrohr mit winziger Perforation, umfaßt von konzentrischem Ringliniensystem, in dessen Zentrum eine röhrchenartige Erhebung auffällt — Reversseite (vgl. Abb. V/15, poldifferenziert, Minuspol).

Abb. III/39. *Linker Daumen* mit einer winzigen Durchlochung der Haut (Unfall, 220 V Wechselstrom), die von drei kreisförmigen, konzentrischen, wie mit scharfem Messer erzeugten Hautritzern, ohne Zeichen von Hitzewirkung, umfaßt ist.

Abb. III/40. *Schuhsohle (Leder)* mit ein bis zwei punktförmigen Durchlochungen, die von mehreren kreisförmigen, konzentrischen, nicht überall geschlossenen, wie mit einer Metallstanze ausgeführten Prägungen umfaßt wird. Kein Zeichen von Hitzewirkung. Der tödliche Unfall wurde durch einen mit Körperschluß behafteten Fußschalter eines Röntgenapparates verursacht.

Abb. III/41. Eine vom Blitz getroffene weiße *Emailschüssel* erscheint mit zwei gleich großen, sich auf der *Außen-* und *Innenseite exakt deckenden,* streng kongruenten und in das Eisenblech eingravierten Reliefbildern behaftet; die beiden Blitzspuren sind nicht nur gleich groß, kongruent und

---

[1] Die Parallele von Abb. 37 und 38 ist höchst bemerkenswert!

sich genau deckend, sie haben auch einen gemeinsamen Zentralpunkt im Eisenblech, das von außen nach innen vorgewölbt erscheint.

Die Aufnahme der Emailschüssel wurde unter Zuhilfenahme von Spiegel und Meßzirkel ausgeführt, um die kongruente Lage der äußeren und inneren Spur auf *einem* Bild zur simultanen Ansicht zu bringen.

Außer diesen gemeinsamen Attributen gibt es einen auffälligen Unterschied im formativen Element der Bilder:

Abb. III/42. Die Spur der *Außenseite* besteht aus konzentrischen, äquidistanten *Ringlinien.*

Abb. III/43. Auf der *Innenseite* dagegen ist ein an *Blitzfiguren* gemahnendes Strahlenrelief in das Eisenblech eingraviert.

Abb. III/44. Ein Relief konzentrischen Ringliniensystems auf der Außenseite einer blitzgetroffenen blauen Emailmilchkanne, gleichfalls Eisenblech, dessen Emailbelag durch Blitzschlag hochgeschleudert worden war. Die Spur ist hier elliptisch gestaltet.

Abb. III/45. Rudimentär gestaltete, *konzentrische Ringlinien* auf einer durch Blitzschlag lädierten *Feldflasche* (Eisenblech).

Abb. III/46. Vom Blitz getroffene *Zinnkugel* mit einer radiären Gravierung, die auffälligerweise von einer *konzentrischen Ringlinienzeichnung* überlagert erscheint.

Das Phänomen gemahnt an die auf dem *Zinnoberspiegel* befindliche radiäre Blitzfigur (vgl. Abb. I/6, I/7), die von einem konzentrischen Ringliniensystem traversiert erscheint, von Ringlinien, die auf der auf Pappendeckel „fortgeführten" Blitzfigur fehlen.

Abb. III/47. Eine durch Blitzschlag erzeugte kleine rundliche Perforation des *Bergmannrohres* einer Lichtleitung; die Perforation erscheint von einer kranzförmigen, wie durch Stanze erzeugten, glatten Pressung umfaßt; keine Zeichen von Hitzewirkung.

Abb. III/48. So wie die Perforation des Bergmannrohres (Abb. III/47) ist auch die — hier in einem Negativ — tiefschwarze Perforation eines blitzgetroffenen *Notenblattes* (kirchliches Gesangbuch) von einer kranzförmigen, wie mit Trockenstempel erzeugten weißen Pressung umfaßt; kein Zeichen von Hitzewirkung.

Abb. III/49. Eine blitzgetroffene Blitzableiterspitze (Messing) mit spiraligen, gleichmäßig eingeprägten Kerben, ohne Zeichen von Gegenkräften und ohne Hitzewirkung. Lupenbetrachtung läßt innerhalb der Kerben gleichmäßig tiefe, lineare Riefen erkennen. Morphologie und Charakter der Kerben sprechen gegen die Annahme einer Entstehung durch Manipulation mit Werkzeug.

Abb. III/50. Der Stahlaufsatz (Visier für weites Distanzschießen) eines Militärgewehrs, durch Blitzeinschlag magnetisiert, was hier durch den „Bart" des aufgestreuten Feilichts veranschaulicht erscheint.

Die Erfahrung eines Fliegers (A. G.) im letzten Weltkrieg über die Wirkung des elektromagnetischen Feldes eines Blitzschlages verdient hier vermerkt zu werden: das Flugzeug war in Höhe von zirka 5000 Fuß in eine Gewitterwolke geraten und durch Blitzentladung beschädigt worden; die für den Flieger ernsteste Störung bestand darin, daß die Magnetnadel des

Kompasses in rasende Rotation geraten war und wegen der Unmöglichkeit einer Orientierung eine Notlandung unvermeidlich machte.

Ein anderer Flieger (Ph. G.) war in einer Höhe von 14.000 Fuß in Gewitterwolken geraten, in denen gegenseitige Blitzentladungen stattfanden. Das Flugzeug blieb unbeschädigt, doch bemerkte der Flieger an verschiedenen Stellen des Flugzeuges bläulich leuchtende Punkte, während die Kompaßnadel ruckartige Ausschläge nach rechts und links machte (Versuch von OERSTED in Kopenhagen 1801?). Diese Phänomene sistierten jedoch, als das Flugzeug auf 1000 Fuß Höhe herabgestiegen war.

E. „Mechanische Kraft", die sich nicht in subtiler Assoziation, sondern in Dissoziation und Desintegration auswirkt

a) Spuren, die an Auswirkungen einer Wirbelbewegung (Wirbelfeld) gemahnen. Weit entfernt, die schwierige Problematik der Wirbelringe auch nur streifen zu wollen, wird hier bloß der Name Wirbelbewegung (Wirbelfeld) entlehnt, um die zur bildlichen Darstellung gelangenden Phänomene als eine besondere Kategorie von Spuren kenntlich zu machen, um deren Agnoszierung in die Wege zu leiten, zumal ihnen die auf FARADAYS Axiomen beruhenden typischen Kriterien *nicht* zu eigen sind. So wurde einer 30jährigen, vom Blitz getroffenen Frau das lange, in Zöpfen geflochtene und kranzartig auf dem Kopfe lagernde Haar wohl nicht versengt, aber doch in einen verwickelten, derben, unentwirrbaren Knoten verwandelt, so daß sich eine Auflockerung und Auflösung des Haares als unausführbar erwies: mit Messer und Schere mußte das verknotete, feste Paket knapp ober der Kopfschwarte abgetragen werden: die unlösbare Verknotung des Haares ein eindrucksvolles Bild einer Wirbelbewegung!

Die Frau war durch den Blitzschlag in eine viele Stunden dauernde tiefe Bewußtlosigkeit geworfen worden.

Das Haupthaar ist in seiner ursprünglichen Üppigkeit und Schönheit wieder nachgewachsen.

Abb. III/51. Mitten in einem vom Strom durchflossenen und sonst scheinbar unverletzt gebliebenen Muskel (tödlicher Unfall, 380 V Drehstrom) ein winziger mikroskopischer Herd zerrissener, zerfetzter Muskelfasern, die nach verschiedenen Richtungen zerwirbelt erscheinen.

Abb. III/52. Mitten in einem durch Erdschluß (tödlicher Unfall) verletzten Fußwurzelknochen finden sich winzige, an stattgehabte Drehbewegungen gemahnende Knochenfrakturen und Knochensplitter, keine merklichen Hitzespuren.

Diesen wegen ihrer geringfügigen Dimensionen als *Komminutivfrakturen* zu bezeichnenden Stromeffekten darf bezüglich ihrer Pathogenese und Diagnostik (und Therapie) besondere Bedeutung vindiziert werden.

Auch die durch Lichtbogen einer 5000-V-Anlage (tödlicher Unfall) sehr mannigfach verletzte *harte Hirnhaut,* die in Abschnitt VII zur eingehenden Erörterung und Abbildung gelangt, läßt an zwei Punkten des obersten Anteils der Hirnhaut winzige, grau gefärbte, pilzartige Gebilde von baumwolleähnlichem Aussehen erkennen, die bei Lupenbetrachtung ein *feinst verwickeltes Faserwerk* zeigen: der auf der linken Seite in einer lochartigen Eröffnung der Dura befindliche Punkt enthüllt sich als *das zerwirbelte Ende eines Blutgefäßes,* das auf der rechten Seite der Dura befindliche Gebilde manifestiert sich als ein *aus der Dura* herausgearbeiteter, bis zur Unkenntlichkeit *zerwirbelter Gewebsfetzen.*

Abb. III/53. Eine durch Blitzschlag im Stamm einer *Esche* erzeugte, handbreite und ebenso tiefe Rinne und Aushöhlung erscheint an einer umschriebenen Stelle von einem mannskopfgroßen Klumpen, Haufen *allerfeinst* zerfaserter und *verwirbelter Holzspäne,* Holzfasern erfüllt, ohne Zeichen von Hitzewirkung, der richtige Ausdruck eines *Wirbelfeldes.*

Die zwei folgenden Abbildungen zeigen Gradationen eines *Überganges vom Formlosen zur Form:*

Abb. III/54. Verwirbelte Holzspäne (ohne Hitzespur) einer blitzgetroffenen Esche gemahnen vielleicht an die Struktur einer Reusenantenne, an eine Art länglicher Korbform.

Abb. III/55. Zwischen verwirbelten Holzspänen einer blitzgetroffenen Tanne eine *eher mikroskopische, straffe Schleifen- bzw. Schlingenbildung* einer *einzelnen, schmiegsamen Holzfaser.*

Abb. III/56. Ein haselnußgroßes Knäuel zusammengewirbelter, *verknoteter Kupferlitzen* einer blitzgetroffenen Lichtleitung, ohne Hitzezeichen.

b) Die Spuren mit dem Nebeneinander — Juxtaposition — poldifferenzierter Stromeffekte gelangen in Abschnitt V (Abb. 11 bis 28), wohin sie kausalanalytisch betrachtet auch ressortieren, zur Darstellung und Illustration.

IV. Chemische Aktion

Sind es die im vorhergehenden Abschnitt zur Erörterung gelangenden Bilder, in denen die „direkte Relation der elektrischen Kräfte", das ist der „mechanischen Kraft" zur Materie, und zwar auch im Innern der Zelle, erstmalig in anschaulicher Weise zur Darstellung gelangt, so sind die durch chemische Aktion des Stroms hervorgerufenen Veränderungen der Materie — Trennung der Substanz in ihre Elemente — seit Faradays grundlegenden Experimenten wohlbekannte Tatsachen.

Trotzdem bedeuten die hier zur Diskussion gelangenden chemischen Spuren eine Bereicherung des Themas und manche von ihnen, z. B. die *rotgefärbten Blitzfiguren* auf belebter und unbelebter Materie (Abb. I/13, I/14), ferner aber auch die experimentell gewonnenen gewebsspezifischen Farbenteste (Abb. IV/7), verdienen besonders genannt zu werden.

Im Interesse rascher Orientierung erscheint eine Unterteilung in fünf Absätze empfehlenswert:

A. Rote Verfärbungen auf belebter und unbelebter Materie

Wenn auch zuverlässige Untersuchungsergebnisse über die Entstehung der unmittelbar nach dem Blitzschlag festgestellten Verfärbungen (vgl. Abschnitt I, Abb. 13, 14) nicht zur Verfügung stehen, so ist doch mit Rücksicht darauf, daß diese *Verfärbungen Linienführungen im Stil der* FARADAY*schen Symbole* aufweisen, deren Elektrogenese nicht von der Hand zu weisen.

B. Durch Metalloxyde (Kupfer usw.) verursachte Überzüge mit Rot- und Grünfärbung

Abb. IV/1. Mauerverputz (Mörtelanwurf), auf dem ein vom Blitz getroffener Antennendraht befestigt war, von rötlichen und grün gefärbten Strichen und Flecken eingenommen.

Abb. IV/2. Blitzableiterspitze mit einem grünlichen und rötlichen Fleck in Gestalt eines Überzuges.

Abb. IV/3. Vom Blitz getroffener Fingerhut mit einem bogenförmigen Streifen, der aus rotbraunen und grünen Einzelflecken besteht. Die Frau, die während des Gewitters den Fingerhut benützte, blieb unverletzt.

Abb. IV/4. Vom Blitz getroffener weißer Porzellanisolator mit einer siegellackroten, festhaftenden Schmelzperle und einem nachbarlichen grünlichbläulichen Schmelzfluß.

Abb. IV/5. Halboffene Glasperle [1] auf einem durch Blitz zerstörten Isolator; im Innern der Perle *ein Ornament* aus *zwei symmetrischen gegensinnigen,* teils *rot, teils bräunlichgrün gefärbten Liniensystemen.* Aus den gegensinnigen Liniensystemen, nicht minder aber auch aus den kontrastierenden Verfärbungen sind wohl *entgegengesetzte Polaritäten* herauslesbar.

Abb. IV/6. Die hinteren Füße einer Ratte, die in einer 5000-V-Anlage tödlich verunglückte: linker Fuß grünlich, rechter rot verfärbt.

Abb. IV/7. Die lebenswarme Arterienwand eines geopferten Kalbes färbt sich unter der positiven Elektrode (Messing) grün, unter der negativen rot. Der lebenswarme Nervus vagus färbt sich unter dem Pluspol grün, während unter dem Minuspol kein Farbeffekt auftritt. (Lichtstrom 110 V Gleichstrom, Experiment.)

Dem genannten Experimentalergebnis darf die Bedeutung eines *gewebsspezifischen Farbentestes* vindiziert werden. Es wurde dadurch die Aufmerksamkeit auch auf die genannten farbigen Spuren auf Blitzableiterspitzen, Isolatoren usw. gelenkt, die bis dahin der Kenntnisnahme entgangen waren.

C. Immediate chemische Ausscheidung von Kalksalzen

Abb. IV/8. Auf der durch Stromwirkung losgetrennten Endphalange zwei weiße, dem karbonisierten Knochen fest anhaftende, perlenartige Gebilde: chemische Ausscheidung von phosphorsaurem Kalk aus der Knochensubstanz (Unfall durch 5000 V Wechselstrom).

---

[1] Das instruktive Motiv dieser durch elektro-chemische Aktion (Schmelzelektrolyse im Lichtbogen des Blitzes) entstandenen Glasperle mit ihren Entladungslinien als einem *poldifferenzierten Farbentest* wurde wegen seiner Seltenheit und wissenschaftlichen Bedeutung von zwei verschiedenen Gesichtspunkten aus — Einsicht mit dem linken und nochmals mit dem rechten Auge — als Aquarell festgehalten.

Abb. IV/9. Chemisch ausgeschiedener phosphorsaurer Kalk in Gestalt einer monströsen Zwillingsfigur im Globus pallidus (Hirn) und als einzelne Krümel in der Gefäßwand (tödlicher Unfall durch 220 V Wechselstrom).

Abb. IV/10. Präparat einer Ochsenrippe, eingeschaltet zwischen den Polen eines Energietransformators (1 bis 2 Sekunden): immediate Abscheidung von weißlichen Auflagerungen (phosphorsaurer Kalk) auf der Oberfläche des karbonisierten Knochens (Experiment).

D. Immediate Ausfällung von Myelin
(Nervus radialis eines tödlichen Unfalles durch Gleichstrom 220 V)

Abb. IV/11. Das durch den momentanen Stromdurchgang (plötzlicher Tod) präzipitierte Myelin im Nervus radialis durch Sudanfärbung kenntlich gemacht.

Die theoretische und praktische Bedeutung dieser hier erstmalig histologisch festgestellten, durch einen Stromstoß *immediat erfolgten Präzipitierung* des Myelins findet im folgenden Experimentalergebnis ihr Korollar und ihre klinische Beleuchtung:

Abb. IV/12. Das hier abgebildete Kaninchen zeigt eine Parese der rechten hinteren Extremität, die sich *immediat* nach der Stromeinwirkung geltend machte; die Lahmheit verschlimmerte sich in den folgenden Tagen und als das Tier 18 Tage später geopfert und der „ergriffene Nerv" histologisch untersucht wurde, fand sich eine typische sekundäre Degeneration (MARCHI) dieses Nerven als die fortgeschrittene pathologische Folge der mutmaßlich ursprünglichen, ebenfalls immediaten Präzipitierung des Myelins, was in Abb. 11 veranschaulicht erscheint.

E. Durch Schmelzelektrolyse (im elektrischen Lichtbogen) abgesonderte Silikate und andere mineralische Substanzen

Abb. IV/13. Auf der Oberfläche eines blitzgetroffenen Hochspannungsisolators sieben verschieden große — hirsekorn- bis erbsengroße —, festsitzende, wie Bergkristall wasserhelle, rundliche Tropfen eines Silikates.

Als Parallele: Auf der Oberfläche eines blitzgetroffenen Dachziegels ein aus proportionierten Einzelfiguren kunstvoll verschlungenes Ornament, ebenfalls aus glasartigen Streifen (vgl. Abb. II/17).

Abb. IV/14. Ein rundes und 2 m im Durchmesser großes Drahtgitter (zum Schutz eines Kirchenfensters), eingenommen von zwei ungleich langen, streifenförmigen Auflagerungen einer grauweißlichen, brüchigen, die einzelnen Drahtgitter fest umfassenden Substanz, die vermutlich von dem Gestein der Kirchenmauer, und zwar oberhalb des Drahtgitters — wo sich auch ein flächenhafter Schaden bemerkbar machte — herrührt: das durch den Blitz geschmolzene und verflüssigte Gestein wurde „fortgeführt" und auf dem Gitter nicht einfach deponiert, sondern es trat mit dem Eisen in subtiler Assoziation in sinngemäße „Relation".

Der hier zu erwähnende (vgl. Abb. II/13), zwecks genauerer Untersuchung „angefertigte" dreieckige Ausschnitt bzw. „Querschnitt" der Auflagerung läßt erkennen, daß *drei Schichten* vorhanden sind.

Die Auflagerung auf dem Drahtgitter weist bei sorgfältiger Prüfung auch noch folgende Seltsamkeit auf:

Abb. IV/15. Nur auf einer in *perspektivischer (seitlicher) Betrachtung* aufgenommenen Photographie gelangen die nach oben und unten sich fortsetzenden Streifen (vgl. die Dimension in Abb. IV/14) zur Ansicht, und zwar als direkte Fortsetzungen der geradlinigen, plastischen Auflagerung; ein ähnliches *rätselhaftes Phänomen* wie die Stromschattenfigur, Abb. III/32.

V. Poldifferenzierte Stromeffekte

Die hier zur Erörterung gelangenden Phänomene bilden sowohl durch die Eigengesetzlichkeit ihrer Genese als auch durch ihre thematische Einheitlichkeit ein in sich geschlossenes, völlig selbständiges Kapitel nicht nur der Spurenkunde, sondern auch der Elektrizitätslehre.

Stehen doch die aus den folgenden Experimentaluntersuchungen abgeleiteten Erkenntnisse, denen die Bedeutung einer neuen Arbeitsrichtung vindiziert werden darf, in unmittelbarem Konnex mit drei Grundproblemen der Elektrizitätslehre:

1. Ursache der Verschiedenheit der polaren Entladungsformen (FARADAY, § 1465):

2. Direkte Relation der elektrischen Kräfte zu den Teilchen des Dielektrikums (FARADAY, § 1423);

3. Rolle und Art stofflicher Vorgänge — „molecular action" — manchmal dominanter Natur, z. B. seitens des elastischen Gewebes, im Wechselspiel von Strom und Materie (FARADAY, § 1252).

Die erwähnten Experimentaluntersuchungen, deren Ergebnisse sich als Schlüssel bzw. als Methode zur Klärung der genannten Grundprobleme erweisen, wurden unternommen, um nicht leicht zu deutende oder überhaupt rätselhafte, aus der Unfallpraxis stammende Stromeffekte (Stromspuren) bezüglich Elektrogenese zu prüfen oder einer Interpretation zugänglich zu machen. Es bezieht sich dies auf die Abb. V/11 bis V/28 und ferner auf die in Abschnitt VI zur Diskussion gelangenden Abb. VI/29 bis VI/33 (und auch Abb. III/10), deren Klassifizierung mit den oben bezeichneten Grundproblemen in Übereinstimmung steht und deren Aspekt dadurch auffällt, daß *diesen Phänomenen* (von Abb. V/11 bis V/28 und VI/29 bis VI/33) der aus den Abbildungen der Abschnitte I bis IV dechiffrierbare FARADAYsche *Stil vollkommen abgeht.*

Vielleicht kommt für die Kategorie dieser eigenartigen und *ohne* FARADAYschen *Stil sich manifestierenden* Figuren (Abb. V/11 usw.) dasjenige in Betracht, was FARADAY (§ 1618) als „besondere und große Mannigfaltigkeiten im Charakter des Stroms" bezeichnet und deren Untersuchung und Entwicklung" FARADAY für den „zugänglichsten und vorteilhaftesten Weg zum wahren und tiefen Verständnis der Natur der elektrischen Kräfte" hält.

Die weiter unten in drei Kategorien unterteilten Experimentaluntersuchungen (z. B. Experiment I, Gleich- und Wechselstrom, in Abb. V/11, Experiment II in Abb. V/21 und Experiment III in Abb. VI/29, VI/30)

scheinen den neuen Ergebnissen zufolge einen solchen „Weg" auch ein-
geschlagen zu haben. Diese experimentell gewonnenen Bilder bilden mit
ähnlichen, ja übereinstimmenden *empirischen* Bildern (Abb. V/19 bis V/28
und Abb. VI/33 und auch Abb. III/10) der Unfallpraxis — ebenfalls in drei
analoge Kategorien unterteilt — einen einheitlichen Block und liefern zugleich das Substrat für ein vollkommen neues Räsonnement zum Kapitel
der stromdifferenzierten Stromeffekte.

Bei diesem Räsonnement kommen die aus FARADAYS Experimenten
und Symbolen abgeleiteten Kriterien nicht zu Wort, sondern es sind die
an Hand der neuen Experimentaluntersuchungen (Experiment I bzw.
Grundversuch über Plus und Minus usw.) festgestellten, charakteristischen, *poldifferenzierten* Attribute hier die entscheidenden *Leitmotive*.

Um die Eigengesetzlichkeit und die Eigenart dieser bisher in einer
wissenschaftlichen Abhandlung noch nicht zur Diskussion gelangten poldifferenzierten Stromeffekte in ihrer Prägung zur vollen Auswirkung gelangen zu lassen, werden ihnen hier einige mit verschiedenen, konform
den FARADAYSchen Symbolen beschaffene Veränderungen der Materie, das
sind *reguläre Stromspuren (Abb. V/1 bis V/10)* — gewissermaßen *eine
Gegenprobe* von vornherein — vorausgeschickt.

Ad 1. Zur ersten Kategorie gehören die sich in ihrer unübersehbaren
Morphologie manifestierenden Strommarken der Haut, denen sich die
Suche nach allfälligen Kennzeichen von Plus und Minus von Anbeginn
zuwandte, doch die außerordentliche Variabilität der Phänomene ließ jede
Mühe und jeden Fleiß als erfolglos erscheinen.

Erst die zutreffende Wahl des Versuchsobjektes — Präparat eines
von Fettansatz völlig freien Hautstückes (Leiche) — und die Methode der
Experimentaluntersuchung führten zu einer eindeutigen und einwand-
freien Lösung des Rätsels, nämlich der Ursache der Verschiedenheit von
Plus und Minus an den Einwirkungsstellen der Haut: Phänomen eines
Kontinuums (Abb. V/11, obere Reihe links) unter dem Pluspol, Phänomen
eines Diskontinuums (Abb. V/11, obere Reihe rechts) unter dem Minuspol,
und damit korrespondierend in den mikroskopischen Hautschnitten das
Phänomen der Verdichtung (Abb. V/12) unter dem Pluspol, Phänomen der
Auflockerung (Abb. V/13) unter dem Minuspol; diese Stromeffekte an der
Oberfläche und im Innern der Haut sind ihrer Beschaffenheit nach prin-
zipiell in voller Übereinstimmung als klare Kontrastphänomene von Plus
und Minus definierbar und demnach *poldifferenzierte Stromeffekte.*

Unter den Polen des Wechselstroms (Abb. V/11, untere Reihe) gibt es
keine poldifferenzierten, sondern einander völlig gleichende Effekte!

Es verdient besondere Beachtung, daß die mikroskopischen Quer-
schnittveränderungen (Abb. V/12 und V/13) Phänomene solcher Art darstellen, wie sie von FARADAY erahnt und in § 1503 [1] als „more compressed
or more diffuse or vice versa" bezeichnet wurden und nur den obigen

---

[1] In A. J. v. OETTINGENS Übersetzung (Leipzig: W. Engelmann, 1901) erscheint
FARADAYS Axiom 1503 mit der Anmerkung versehen: „Diese Unterscheidung ist eine
Vorahnung der neuen Elektronenhypothese."

Experimentalergebnissen zufolge wäre die FARADAY*sche Alternative* durch eine *strikte Definition* zu *ersetzen*.

Auch die von FARADAY als Causa movens namhaft gemachte „mechanical force" findet in den genannten histologischen Veränderungen der Haut ihren anschaulichen Ausdruck, womit auch die klinisch beobachtete Reversibilität mancher elektrischer Strommarken (z. B. Abb. III/10) Hand in Hand geht.

Für die Zuverlässigkeit der durch Gleichstrom (Lichtleitung 110 V) gewonnenen, poldifferenzierten Kontrastphänomene (Abb. V/11, obere Reihe) spricht auch das genannte Ergebnis der mit *Wechselstrom* (Lichtleitung 110 V) ausgeführten Gegenprobe: hier gibt es *keine Kontrastphänomene,* hier besteht Gleichheit, ja *Identität der Phänomene unter beiden Polen* (Abb. V/11, untere Reihe).

Der Wert und die Bedeutung der auf diesem Experimentalergebnis aufgebauten Untersuchungen über die „Natur der elektrischen Aktion" (FARADAY, § 1327) finden in den im Abschnitt VI der „Natur der Molekularaktion" (FARADAY, § 1252), und zwar der *Natur der stofflichen Veränderungen des elastischen Gewebes,* gewidmeten Experimentaluntersuchungen (Abb. VI/29 bis VI/32) ihre erstmalige mikroskopische Dokumentation.

Ad 2. So wie das eingehende Studium der elektrischen Strommarken und ihres Entstehungsvorganges in der diesen Experimentaluntersuchungen vorausgehenden Zeit große Schwierigkeiten zu überwinden hatte, so stand es noch ärger mit anderen Stromeffekten (z. B. Abb. V/22 bis V/28), weil sogar deren Agnoszierung mangels einer Ähnlichkeit mit irgendeiner Type der FARADAYschen Symbole in Frage gestellt schien.

Diese Verlegenheit gestaltete sich um so peinlicher, wenn es um rätselhafte Phänomene der lebenden Substanz ging, wo nicht nur diagnostische und gutachtliche, sondern auch dringliche therapeutische Fragen zu beantworten waren; so geschah dies, als der Nervenstrang (Nervus ulnaris) eines durch 5000 V Wechselstromentladung verletzten Monteurs eine in der Tiefe des Armes verborgene — erst am anatomischen Präparat ersichtliche — Affektion erlitten hatte. Der anatomische Befund (C. CORONINI) lautete: „Der proximale Anteil des durchtrennten Nervenstrangs allerfeinst zerfetzt, während der distale Anteil wie mit dem Messer quer durchschnitten erscheint." (Auffällig ähnlich präsentieren sich die beiden Ränder der Blitzrinne eines blitzgetroffenen Kirschbaumes, Abb. V/28 b.)

Diese Traumatisierung des Nervus ulnaris kam erst nach der wegen unstillbarer Schmerzen durchgeführten Amputation zum Vorschein. Heute würde man vielleicht mit Resektion des zerfetzten Nervenstrangs das Auslangen zu finden imstande sein.

Und wenn auch heute die Rätselhaftigkeit solcher unter dem Pluspol oder noch häufiger unter dem Minuspol auftretenden Traumatisierungen in den poldifferenzierten Stromeffekten ihren Schlüssel findet, so gibt es noch andere Bilder in der Unfallpraxis, wo auch noch die *Topik* der poldifferenzierten Stromeffekte ein neues Rätsel bedeutet, dadurch, daß diese Stromeffekte *nicht separiert, sondern angrenzend,* unmittelbar nebeneinander in Erscheinung treten, wie dies in den Abb. V/22 bis V/28 der Fall ist.

Dieses rätselhafte Bild der angrenzenden poldifferenzierten Stromeffekte fand seine Parallele und damit seine Klärung in dem Ergebnis einer anderen Experimentaluntersuchung (Experiment II), die eine Variation des im vorhergehenden Abschnitt beschriebenen Grundversuchs (Experiment I) ist.

Der Grundversuch (Abb. V/11) wurde dahin variiert, daß auf einem Punkt des Hautpräparates, und zwar in der Mitte zwischen beiden Polen, ein solitäres Metallplättchen für sich allein aufgelegt und der Strom für eine Sekunde eingeschaltet wurde.

Der Variation des Grundversuchs lag der Plan zugrunde, eine Probe, irgendeinen sichtlichen Effekt des hier passierenden Stromflusses zu gewinnen; vielleicht mag letzten Endes hier auch ein Passus aus FARADAYS § 1634 zur Sprache kommen, in dem es lautet: „In den Querschnitten müssen wir die Identität der elektrischen Kraft suchen, selbst in den Querschnitten der Funken und fortführenden Entladungen, so gut wie in Drähten und Elektrolyten."

Ob die genannte Variation des Grundversuchs dem § 1634 entsprach oder nicht, das Ergebnis war positiv: ein Bild *angrenzender, ambipolarer Stromeffekte* (Abb. V/21), eine überraschende Sonderheit, eine *Juxtaposition* [1] *poldifferenzierter Stromeffekte*, ähnlich denen, wie sie sich im genannten Nervenstrang und in den in Abb. V/22 bis V/28 abgebildeten Traumatisierungen nach Blitzschlag und elektrischem Unfall manifestieren.

Die Elektrogenese dieser rätselhaften Phänomene erscheint durch das Versuchsergebnis (Abb. V/21) mehr als plausibel, aber der *Entstehungsvorgang* und der Erkenntnisgrund, die Ursache der angrenzenden Sonderheit, d. h. der *Juxtaposition*, bleiben *vorläufig ungeklärt*.

Und wenn auch bei der Entstehung der experimentellen Juxtaposition das solitäre Metallplättchen gewiß eine Rolle spielt, so kommt ein solcher ätiologischer Faktor für die empirischen Bilder nicht in Betracht.

Ein weiterer Unterschied zwischen den empirischen und experimentellen Bildern liegt auch noch darin, daß sich die empirische Juxtaposition (Abb. V/22 bis V/28) entweder „in der Strombahn" (z. B. Abb. V/28 b) oder „seitwärts" (Abb. V/27 b) befindet, während die experimentelle (Abb. V/21) nur „in der Strombahn" auftritt.

Für die Beurteilung dieses Unterschiedes verdient FARADAYS § 1620 befragt zu werden: „Betrachtet als *Ursache*, übt der Strom sehr außerordentliche und verschiedenartige Kräfte aus, nicht bloß in seiner Bahn

---

[1] Die Juxtaposition kontrastierender Stromeffekte ist nicht zu verwechseln mit Spuren, die wohl auch durch ihre Nachbarlichkeit auffallen, die aber *nicht kontrastieren*, sondern eher — schon durch ihren thermischen Charakter — *einander ähnlich* scheinen und auch eine — während der Elektrisation stattgehabte — *Faltenbildung* (Duplikatur) der Haut (z. B. in der Ellenbeuge) oder der Schleimhaut (z. B. in der Mundhöhle) zu dechiffrieren gestatten und sich als *akzessorische, idiopathische Stromspuren* manifestieren.

und in den Körpern, in denen er vorkommt, sondern auch seitwärts, wie bei den induktiven und magnetischen Erscheinungen."

Dem Problem der Juxtaposition darf bestimmt Bedeutung vindiziert werden, trotzdem bleibt dessen Erörterung vorläufig sub judice; dies auch deshalb, weil das obengenannte und *bisher fremd gebliebene* Bild — Ausdruck eines nicht vereinten, sondern entzweiten Stroms bzw. seines adäquaten Effektes — *gegen das Grundgesetz von der „Einheit und Unteilbarkeit des Stroms"* (§ 1627, 1636) *verstößt*.

Was wir aber heute schon aus den diesbezüglichen Feststellungen ableiten dürfen, ist die Lehre, daß *bei Verfolgung des Stroms,* besser Betrachtung der Stromeffekte zwischen zwei verschiedenen Kategorien zu unterscheiden ist, die wohl beide auf „mechanical force" als Causa movens deuten, die aber ihrem Aspekt und Charakter zufolge *zwei verschiedene Entstehungsvorgänge* zu dechiffrieren gestatten:

a) Das *energetische Prinzip der* FARADAYschen *Kraftlinien* mit ihren „entgegengesetzten Richtungen und Tendenzen" — exemplifiziert in diesem Abschnitt durch Abb. V/1 bis V/10.

b) Das *energetische Prinzip der poldifferenzierten Stromeffekte* und solcher *in Juxtaposition,* und zwar „in der Strombahn" oder „seitwärts" — exemplifiziert in diesem Abschnitt durch Abb. V/11 bis V/28 und in Abschnitt VI durch Abb. VI/29 bis VI/33.

Ad 3. Auch die „molecular action", d. h. die stofflichen Vorgänge, hat nicht nur die Probe der hier diskutierten Experimente bestanden, sie hat auch eine neue Forschungsrichtung erstehen lassen, in deren Mittelpunkt überraschenderweise das elastische Gewebe gerückt erscheint.

Die von FARADAY besonders betonte und nachher von namhaften Forschern immer wiederholte *Bedeutung von stofflichen Vorgängen* in der Wechselwirkung von Strom und Materie bewies schon bei der makroskopischen Betrachtung der elektrischen Strommarken ihre Geltung und anschauliche Existenz.

Mikroskopische Untersuchungen waren imstande, einen erstmaligen tieferen und klaren Einblick in die Auswirkungen *gewebsspezifischer Einflüsse* zu liefern: so lassen die in Abb. I/2 reproduzierten Hautschnitte erkennen, daß Hautzellen eine *geradlinige* Polarisation, daß dagegen benachbarte glatte Muskelzellen eine *gekrümmte* Polarisation aufweisen; ferner zeigt Abb. IV/7, daß, während sich eine Arterienwand unter dem Pluspol grün und unter dem Minuspol rot verfärbt, am Nerven die Rotfärbung unter dem Minuspol ausbleibt.

„Direkte Relation" der elastischen Substanz

Fortgesetzte klinische und histopathologische Untersuchungen haben einen Schritt weitergeführt, und zwar dadurch, daß die Aufmerksamkeit auf *das stoffliche Verhalten des elastischen Gewebes* gelenkt wurde: erschien es zum Beispiel seltsam, daß eine elektrische Strommarke auf der Fingerbeere (Abb. III/10) aus nichts anderem bestand als aus einer umschriebenen Abflachung und Glättung der Haut bei *Nichtvorhandensein ihres daktyloskopischen Reliefs,* diese Veränderung jedoch *24 Stunden später dem früheren Normalzustande gewichen* war, so war es eine nicht minder große, klinische und histopathologische Überraschung, daß eine ausgedehnte Zerstörung der Haut am Ellbogen (Abb. VI/25) nicht durch eine zu Degenerationen neigende Narbe, sondern durch ein faltbares zartes Hautgebilde ersetzt wurde, das mit einem allenthalben tadellos angeordneten Netzwerk elastischer Fasern (Abb. VI/28) ausgestattet war; ein Heilungsprozeß, der mit der Lehre und mit den Erfahrungen der Praxis sonstiger Hautaffektionen (Verbrennung, Eiterung, Nekrose usw.) in krassem Widerspruch steht!

Diese auffälligen, klinischen histopathologischen Feststellungen finden in den in Abschnitt VI geschilderten Experimenten und illustrierten Effekten nicht nur ihr Korollar, sondern sie gehen auch noch mit *zwei neuen Arten von Relation,* mit *übergeordneten Gradationen von* FARADAYS *„direct relation of electrical forces with particles of matter"* (§ 1423), und zwar in der *elastischen Substanz,* einher.

Es tritt nämlich außer der für die Materie — auch für die Elastica — allgemein geltenden „direct relation" im Bereich der elastischen Substanz (in der Haut, Magenwand, Blutgefäßwand, Sklera des Augapfels usw.) noch eine zweite, ja auch eine dritte Relation in Erscheinung; diese Relationen sind in ihrer Art verschieden, je nachdem, ob nur ein *Stromstoß oder* ein *Stromfluß* zur Einwirkung gelangt und ob die betreffende Relation folgerichtig als eine *ambipolare* (Zeitdauer beiläufig eine Sekunde) oder als eine *strombedingte* (Zeitdauer einige Sekunden) Relation zu bezeichnen wäre.

α) Bei der *ambipolaren Relation* — jeder Pol (Lichtleitung 110 V Gleichstrom) zeichnet seinen eigenen Effekt — erscheinen die elastischen Fasern der Haut (Leiche)

unter dem Pluspol „kompakt, gewellt, kontrahiert" (Abb. VI/29),

unter dem Minuspol „erschlafft, zarter, aufgelockert, verbreitert, aufgefasert, im Verschwimmen" (Abb. VI/30) [Befund von H. CHIARI] —

das ist eine *Wesensverschiedenheit der Wirkung, eine frappierende Doppelrelation* (ad § 1423).

β) Bei der *strombedingten Relation* büßen die elastischen Fasern immediat ihre Elastizität ein und ähneln oder gleichen einer *plastischen, bildsamen Substanz,* die nach mehreren Stunden — Unfall (Abb. III/10) und Experiment (Abb. VI/31, VI/32) — ihre frühere *Elastizität wiedergewinnt* —

das ist ein transienter *Funktionswandel der elastischen Substanz.*

Der Funktionswandel der elastischen Substanz zeigt sich in den beiden genannten Abbildungen (Abb. VI/31, VI/32) darin, daß das Gewebe sowohl der Magenwand als auch der Gefäßwand *infolge Elastizitätseinbuße eine deutliche Ausbuchtung,* einen Wandvorfall (rechte Hälfte der Abbildungen) zu erkennen gibt. Beide Versuche wurden mit Akkumulatorenbatterie 20 V, 2,5 mA, 10 bis 15 Sekunden durchgeführt.

Auch die beiden in Abb. VI/33 abgebildeten *Augen* erlitten durch direkte *Blitzeinwirkung* genau umschriebene Flecken (Strommarken) mit Einbuße der Elastizität, Erschlaffung und *Faltbarkeit der Sklera*.

Sehr beachtenswert ist der Umstand, daß weder die experimentelle Erschlaffung der Magenwand und der Gefäßwand noch der Sklera Zeichen von Traumatisierung oder von Hitzewirkung aufweisen; dieser von Hitzewirkung verschont gebliebene Zustand ist auch aus den sich durch die Orceïnfärbung kräftig schwarz präsentierenden *elastischen* — recte plastischen — *Fasern* der Gefäßwand (Abb. VI/32, rechte Hälfte) herauslesbar, die sich als *aufgelockerte, gefaltete* und ohne Spannung wirr durcheinander ziehende Stränge manifestieren.

Ein kausaler Zusammenhang mit Hitze ist mit Rücksicht auf die zur Einwirkung gelangten 2,5 mA, 10 bis 15 Sekunden, kaum anzunehmen, es fehlt auch jedes Zeichen von Reaktion zwischen der gesunden linken Hälfte mit ihren straff gespannten elastischen Fasern und der vom Strom ergriffenen rechten Hälfte der Gefäßwand mit ihren erschlafften, verbreiterten und im oberen Anteil aufgesplitterten elastischen Fasern.

Das Phänomen des *wichtigen transienten Funktionswandels der Elastica* kommt als die unikale, *bisher unvorstellbare stoffliche Veränderung* in Abschnitt VI, „Metamorphotische Vorgänge", in deren Reihe gerade dieses Phänomen nicht fehlen darf, nochmals zur Sprache.

A. Empirische Beispiele regulärer Stromspuren im Faradayschen Stile (Typische polare Unterschiede der Entladungslinien)

Abb. V/1. Muskelbündel (tödlicher Stromunfall), eingenommen von zwei Systemen rhythmischer und *sich stellenweise überkreuzender Spiralengänge*.

Abb. V/2. Blitzgetroffener Blitzableiter mit eingravierten und sich *überkreuzenden*, schraubenförmigen *Riefen*.

Abb. V/3. Blitzgetroffene Blitzableiterspitze mit zwei eingravierten, gegensinnigen und *sich durchdringenden Wellenzügen*.

Die Phänomenologie der zwei folgenden, auf einer Blitzableiterspitze und einem Durchführungsisolator vorhandenen Spuren fällt durch Übereinstimmung ihrer markanten, auf Polarität und Strombahn („Einigung in einer Linie des Durchgangs") deutenden Entladungslinien auf.

Abb. V/4 a und b. Blitzgetroffene Blitzableiterspitze mit zwei länglichen, bilateral symmetrischen Schmelztropfen, deren *links- und rechtsgedrehte Gewinde* sich rings um die Spitze fortsetzen und auf der Reversseite in „Linien des Durchgangs" vereinigen.

Abb. V/5 a. Ein durch Blitzschlag zerstörter, von vergastem Teer geschwärzter Durchführungsisolator, dessen mittlerer Porzellanring von zwei fast spiegelbildlich gleichen Systemen *links- und rechtshändiger, tief eingeschnittener, rhythmischer Kerben* eingenommen ist, deren Fortsetzung auf der,

Abb. V/5 b, Reversseite in *zwei parallel ziehenden, grauschwarzen Streifen* verfolgbar ist.

Abb. V/6. Die mikroskopische Aufnahme einer Stelle dieser beiden genannten grauschwarzen Streifen zeigt *unzählige, schwarze, rundliche,* verschieden dimensionierte *Pünktchen,* die da und dort durch ihre *regulär geometrische Konstellation* auffallen. (Vgl. Abb. II/4 mit einer ähnlichen, *aus Punkten komponierten, geometrischen Formation* auf der Haut eines stromgetroffenen Fingers.)

Abb. V/7. Blitzgetroffener Blitzableiter mit einem tief eingravierten Wellenzug, dessen beide Hälften um 180° *gegen ihre Achse rotiert* erscheinen.

Abb. V/8. *Zwei sich überlagernde Liniensysteme,* die wie mit grauem Farbstift auf die Innenwand einer blitzgetroffenen Kirche aufgezeichnet erscheinen.

Abb. V/9. Zwei parallele, sich *überlagernde Liniensysteme,* leicht auf die Oberfläche einer Zinnkugel (Blitzschlag) eingeritzt.

Abb. V/10. Blitzgetroffener Blitzableiter mit zwei parallelen, eingravierten und sich an einer Stelle *überlagernden Liniensystemen.*

B. Experimentelle, poldifferenzierte Stromeffekte (ohne Faradayschen Stil)

1. Experiment I: Grundversuch über den Unterschied [1] der unter Plus und Minus auftretenden Veränderungen

Auf die Enden eines zirka 15 cm langen, schmalen, einer Leiche entnommenen Hautstreifens werden zwei viereckige Metallplättchen (Silber oder Kupfer, Eisen, Zink, Werkblei usw.) aufgelegt und mit Elektroden einer Lichtleitung (erst Gleichstrom, dann Wechselstrom) verbunden; hierauf wird zirka 1 bis 2 Sekunden eingeschaltet. Die dadurch entstandenen Veränderungen der Haut werden photographiert und nachher in mikroskopischen Schnitten untersucht.

Abb. V/11. Hautpräparat (Leiche) mit Stromspuren in zwei übereinander liegenden Reihen: *obere Reihe* Gleichstrom, *links* unter dem Pluspol Phänomen eines *Kontinuums, rechts* unter dem Minuspol Phänomen eines *Diskontinuums* (nämlich aus zahlreichen Punkten bestehend). Untere Reihe: links und rechts identische Phänomene eines Diskontinuums.

Abb. V/12. Mikroskopischer Querschnitt der linken (Plus-) Spur der oberen Reihe: die rechte Hälfte des Schnittes manifestiert sich in ihrem Volumen verkleinert, *zusammengepreßt,* als *Phänomen der Verdichtung* (Plus).

Abb. V/13. Mikroskopischer Querschnitt der rechten (Minus-) Spur der oberen Reihe: die Epithelschicht erscheint allenthalben von zahllosen, winzigen Aufhellungen, das ist von *Vakuolisierungen,* von *Kavitationen* durchsetzt, als *Phänomen der Auflockerung* (Minus).

Die beiden genannten mikroskopischen Stromeffekte — Ergebnisse *des Grundversuches* — finden ihre Bestätigung in den beiden folgenden,

---

[1] „Bei der Büschelentladung in Luft an der positiven und negativen Fläche zeigt sich ein sehr auffallender Unterschied, dessen volles Verständnis unzweifelhaft von größter Wichtigkeit — of utmost importance — für die Elektrizitätslehre sein würde." (FARADAY, § 1465.)

von Prof. LEACH (Oxford) an der Haut der Pfötchen frisch geworfener Katzenjungen ausgeführten Nachuntersuchungen (100 V Gleichstrom, 3 Sekunden):

Abb. V/14. Filamente des Cytoplasmas spiralig torquiert, verdichtet (Pluspol) (900 ⨯).

Abb. V/15. Zellkerne von Vakuolen umgeben, aufgelockert (Minuspol) (900 ⨯).

Die folgenden zwei Aquarelle zeigen die Ergebnisse von Plus- und Minusversuchen auf Leichenhaut, variiert unter Benützung von großen *Bleielektroden* (Werkblei):

Abb. V/16. Unter dem Pluspol ein wohl irregulär gestalteter, aber durchaus einheitlicher Fleck ... Kontinuum (Plus).

Abb. V/17. Unter dem Minuspol sind mehrere, rundliche, *voneinander separierte Einschlagpunkte* (Dehiszenzen) aufgetreten ... Diskontinuum (Minus). Merkwürdigerweise fanden sich in den meisten dieser Einschlagspunkte winzige Bleiklümpchen (Werkblei), wie eingesprengt.

Der folgende, an der *Dura mater* eines lebenden, narkotisierten Hundes mit dem Pluspol ausgeführte Versuch lehrt, daß außer der mechanistischen, mit Verdichtung einhergehenden Veränderung sich auch noch physiko-chemische Prozesse abspielen dürften.

Abb. V/18. Unter dem Pluspol hat sich beim Einschalten geradezu schlagartig der graue Aspekt der Dura verändert und ist einer wasserklaren *Aufhellung* gewichen.

Die *histologische Untersuchung* der unter dem Pluspol *transparent gewordenen Stelle* ergibt normalen Befund und *keine Zeichen von Desintegration*. Beim überlebenden Tier ist eine solche Aufhellung der Dura innerhalb von 24 Stunden *wieder eingetrübt* und undurchsichtig — reversibel — geworden.

2. Unfallverletzte mit poldifferenzierten Strommarken

Die unter Plus und Minus verursachten Strommarken lassen völlige *Übereinstimmung* mit den *genannten experimentellen, poldifferenzierten Kontrastphänomenen* erkennen:

Abb. V/19. Die auf der rechten Stirne befindliche flächenförmige, einheitliche Strommarke wurde durch Berührung mit der kupfernen Zuleitungsschiene (Plus) der Straßenbahn (600 V Gleichstrom) verursacht: Phänomen eines *Kontinuums*.

Abb. V/20. Die im Bereich des linken Ohrs und der linken Wange befindlichen zahlreichen, separierten Punktierungen wurden durch Berührung mit der Erdschiene (Minus) verursacht: Phänomen eines *Diskontinuums*.

3. Experiment II: Variation des Grundversuchs

Die Variation des Grundversuchs besteht, wie schon oben ausgeführt, darin, daß ein *solitäres*, mit der Stromleitung *nicht* in Kontakt befindliches *Metallplättchen* ganz beliebig auf die Haut, beiläufig in der Mitte zwischen beiden Elektroden, wo ein *Stromquerschnitt* vorstellbar ist, aufgesetzt wird. Die Versuchsanordnung ist in Abb. V/21 reproduziert bzw. in der erzeugten Hautveränderung ersichtlich:

Abb. V/21 zeigt an den Enden des Präparates die erwähnten, unter dem Plus- und Minuspol auftretenden Stromeffekte; im mittleren Anteil des Präparates aber, wo die solitäre Metallplatte appliziert worden war, ist ein Phänomen in Erscheinung getreten, das aus zwei *kontrastierenden Hälften* besteht, die — wohl alternierend — mit dem Plus- und Minuseffekt übereinstimmende Aspekte aufweisen.

Dieses experimentell gewonnene, auffällige Phänomen, nämlich *Plus- und Minuseffekt* unmittelbar nebeneinander, das ist *in überraschender Juxtaposition*, findet seine Parallele in ähnlich beschaffenen, sich nach elektrischen Unfällen und nach Blitzschlägen geltend machenden Spuren, wie solche im folgenden Absatz zur Darstellung gelangen.

C. Von Unfällen und Blitzschäden herrührende, sich in Juxtaposition manifestierende poldifferenzierte Stromeffekte

Ein durch elektrisches Trauma derartig durchtrennter Nervenstrang, daß sich die nebeneinander befindlichen Trennungsstücke morphologisch als kontrastierende Herde manifestieren: ein durch Stromdurchgang schwer verletzter Elektriker klagte über unstillbare Schmerzen des rechten Armes, dessen Hand einer Immediatnekrose verfallen war. Die Amputation des Armes gab Gelegenheit, den Nervus ulnaris eingehend zu untersuchen; der pathologisch-anatomische Befund lautete: „Rechter Ulnarisnerv, Krümmungsstelle am Epicondylus internus quer durchtrennt, und zwar *zentraler* Anteil in unzählige Fäserchen zirkumskript *zerfetzt, aufgespalten,* dagegen am *distalen* Anteil des Präparates eine *querverlaufende Trennung.*" (C. CORONINI.)

Bei vergleichender Betrachtung mit dem genannten experimentell gewonnenen Bild (unter dem solitären Metallplättchen von Abb. V/21) darf der zentrale Anteil des Nerven als Phänomen der Auflockerung (Minus), der periphere Anteil als Phänomen der Verdichtung (Plus) interpretiert werden.

Der anatomische Befund findet seine Parallele in der in Abb. V/28 a und b reproduzierten Durchtrennung (Blitzrinne) der Rinde und des Splintholzes des blitzgetroffenen Kirschbaumes: die linksseitige Rindenkante *zerfetzt, aufgespalten,* die benachbarte rechte Rindenkante *gleichmäßig und glatt* durchtrennt.

Die *zerfetzten Nervenfasern* des zentralen Anteiles waren das *Quellgebiet der unerträglichen Schmerzen,* ein bisher unbekannter Stromeffekt, den jeder Therapeut zur Kenntnis nehmen wird.

Abb. V/22. Teil eines *Kleidungsstücks* oberhalb eines durch Hochspannung schwer verletzten Gewebes (Unfall), an den Rändern mit unzähligen *zerfetzten, aufgelockerten* Stoffteilchen (Minuseffekt) behaftet.

Abb. V/23. Eine *Hautpartie* unterhalb des genannten Kleidungsstücks, in ein strangartiges Gebilde *zusammengedreht* und *verdichtet* (Pluseffekt).

Abb. V/24. Eine unter einer Fichte nistende Moospflanze gibt nach Blitzschlag zwei kontrastierende, unmittelbar nebeneinander befindliche Veränderungen zu erkennen: die linke Hälfte der Moospflanze *gequollen* und *aufgelockert* (Minus), die rechte Hälfte zu einem Klumpen zusammengepreßt und *verdichtet* (Plus).

Abb. V/25 a. Der Wollstrumpf (Schafwolle) eines vom Blitz getroffenen Senners zeigt im *Fersenteil* und *Zehenteil* zwei auffällige, grundverschiedene Veränderungen: Im Fersenteil (Abb. V/25 a) fühlt sich der Strumpf derb und steif an, die Wollfäden — in der linken Hälfte des Bildes — *verjüngt und im Volumen verschmächtigt;* aus einem Strang (dem dritten von links) ragen zwei kleine querziehende Geflechte heraus, die beide schraubenförmig — linker Hand — *torquiert* sind (vgl. die experimentelle spiralenförmige Torsion der Filamente des Cytoplasmas einer Zelle in Abb. V/14); auch die links und rechts von dem besagten dritten Strang befindlichen Wollfäden sind deutlich in Torsion versetzt (Pluspol).

Abb. V/25 b. Zehenwärts dagegen sind die Wollfäden *aufgelockert* und auf das *allerfeinste zerfasert* (Minuspol).

Abb. V/26. Blauer Blusenstoff [1], durch Funkenentladung (10.000 V) durchlocht, manche der unmittelbar nebeneinander befindlichen und durchtränkten Fäden entweder quer *durchtrennt* oder allerfeinst *zerfasert,* zerzaust *(Kontrastphänomen),* ähnlich wie das eingangs erwähnte Präparat vom Nervus ulnaris.

Abb. V/27 a. Hemd eines 18jährigen, durch Blitzschlag getöteten Mädchens: Das Hemd der ganzen Länge nach in Zickzackform wie mit Messer oder Schere zerschnitten.

Abb. V/27 b. Auf der rechten Hälfte des Hemdes — „seitwärts" von der durch die Zickzackform angedeuteten Strombahn — sind drei eher geradlinige, gleich lange Rißstellen vorhanden, von denen die der Zickzacklinie am nächsten und die am entferntesten befindliche Rißstelle dadurch auffallen, daß sich *ein* Saum einer solchen Rißstelle wie durch Scherenschlag *glatt* erzeugt, der *andere,* benachbart liegende Saum der Rißstelle dagegen aufgelockert, *aufgefasert* manifestiert: kontrastierende Stromeffekte in Juxtaposition, und zwar „seitwärts" von der Strombahn (vgl. Experiment II bzw. Faraday, § 1620).

Abb. V/28 a. Die den Kirschbaum in vier spiraligen, von der Spitze bis zur Wurzel ziehenden Touren stigmatisierende Blitzrinne birgt in der untersten Tour eine auffällige Juxtaposition, deren Aspekt an die obengenannte Juxtaposition im Nervenstrang — und zwar ebenfalls Juxtaposition „in der Strombahn" — gemahnt.

Abb. V/28 b bringt dieses sehr beachtenswerte Phänomen einer Juxtaposition poldifferenzierter Stromeffekte besonders deutlich zum Aus-

---

[1] Das mikroskopische Bild (des Blusenstoffs) und dessen Kommentierung bildeten die Grundlage eines Gutachtens für das Reichsversicherungsamt in Berlin, wo ein in zwei Instanzen abgewiesenes Begehren (wegen eines angeblichen elektrischen Unfalles) viereinhalb Jahre nach dem Tod des Werkmeisters B. unter ausdrücklichem Hinweis auf obengenanntes Bild (Abb. V/26) zu einem positiven Entscheid führte.

Eine Exhumierung der Leiche vier Jahre nach dem Unfall erschien nicht ratsam. doch vermochten die Anforderung der von der Witwe pietätvoll verwahrten blauen Bluse und die daran ausgeführte mikroskopische Feststellung der *charakteristischen Kontrastphänomene — der poldifferenzierten Stromeffekte in Juxtaposition —* die Grundlage zu einer objektiven Beweisführung zu liefern.

druck: der *linke Rand der Blitzrinne* bzw. die *Kante der Rinde* und des angrenzenden Streifens Splintholz ist *aufgespalten* und in unzählige Fasern und Fäserchen *zerfetzt,* hingegen ist der *rechte* Rand der Blitzrinne bzw. die *Kante der Rinde* und des angrenzenden Streifens Splintholz wie mit scharfem Werkzeug *glatt durchtrennt.*

VI. Innerstrukturelle Umbauvorgänge — Wandlungen in der stofflichen Beschaffenheit

In den Abschnitten I bis V gelangten solche durch Stromdurchgang verursachte Veränderungen zur Diskussion, die durch ihren äußeren Aspekt, durch die entweder auf FARADAYS Symbole *oder* auf poldifferenzierte Stromeffekte zurückzuführende Morphologie ihre Elektrogenese zu erkennen geben.

Hier in Abschnitt VI geht es um Erkundung von *Merkzeichen des inneren Geschehens* belebter und unbelebter Materie, die mit Stromwirkungen mechanischer, chemischer oder physikalischer Natur in kausalem Zusammenhang stehen.

Es sind dies *stoffliche Vorgänge* bzw. Auswirkungen, wohl konkret und verfolgbar, aber in ihrem Wesen nicht immer faßbar, ja oft ganz rätselhaft.

Einen Vorteil zur bedeutsamen Annäherung und gründlichen Betrachtung bilden die Veränderungen der belebten Materie dadurch, daß sich die rezenten Umbauvorgänge einer *mikroskopischen Untersuchung* zugänglich erweisen und daß die *Spätsymptome* in ihrem klinischen Verlauf und ihren histopathologischen Phänomenen Anhaltspunkte liefern, um eine Vorstellung vom inneren Geschehen zu vermitteln; dies erscheint exemplifiziert durch zwei Phänomene (Abb. I/2 und VI/11), und zwar durch mikroskopische Zellveränderungen in einem probeexzidierten Hautpartikelchen aus dem Areal einer rezenten Blitzfigur einerseits und durch eine photographische Aufnahme einer braunen, dendritisch verzweigten Pigmentation desselben Hautareals anderseits (14 Tage später), wo sich die — inzwischen längst entschwundene — Blitzfigur befunden hatte: alle Umstände sprechen hier zugunsten des *kausalen Zusammenhanges von Blitzfigur und den sich als Pigmentation* — genau im Stil und Ausmaß der Blitzfigur — manifestierenden, durch Elektrizität instigierten, *stofflichen Vorgängen im Hautinnern.*

Außer den Zellen und sonstigen Gewebselementen, die, vom Strom sichtlich „ergriffen", allfälligen stofflichen Vorgängen Vorschub zu leisten vermögen, sind es noch andere Vorgänge mit ihren mannigfachen Wirkungssystemen — schon längst wurde in physikalischen Versuchen gezeigt, daß der „Longitudinalton eines Drahtes während eines Stromdurchgangs im allgemeinen tiefer wird" —, die für *stoffliche Umbauvorgänge* verantwortlich zu machen wären, z. B. Änderung der *Membrandurchlässigkeit,* Permeabilität der Gefäßwand, *Beschaffenheit und Bewegung der Gewebsflüssigkeit* usw. usw., worüber manche Beispiele (Abb. 1 bis 7 dieses Abschnitts) Aussagen enthalten.

Unter den vielen und mannigfachen, für das Studium des wichtigen Problems „Stoffliche Vorgänge" — „the whole depends on molecular action" (FARADAY, § 1252) — in Betracht kommenden Phänomenen sind es zwei Kategorien, die bisher den aufschlußreichsten Einblick zu gestatten vermögen:

1. Die *elektrische Strommarke*, das ist die rein elektrische Wunde mit ihrem eigengesetzlichen, von den Vorgängen der Allgemeinen Pathologie grundverschiedenen Heilungsverlauf und mit ihrem *Heilungsprodukt von bisher unvorstellbarer Vollkommenheit* — exemplifiziert in den Abb. 19 bis 28 dieses Abschnitts.

2. Die *elastische Substanz* mit ihrer eigengesetzlichen, frappierenden zweifachen bzw. dreifachen „Relation" (vgl. FARADAY, § 1423) zum elektrischen Strom und mit ihrem wichtigen „transienten Funktionswandel", dessen Reichweite und Dosierung — recte stoffliche Vorgänge — ein neues Problem bedeuten und in den Abb. 29 bis 33 dieses Abschnitts exemplifiziert erscheinen.

Außer den genannten zwei Kategorien, denen grundlegende Funde im Bereich lebender Substanz zu eigen sind, werden in den folgenden Gruppen verschiedene neue Fakta im Bereich belebter und unbelebter Materie aufgezählt, die ein verfolgbares Substrat zum Problem „stofflicher Vorgänge" bedeuten.

A. Rolle der Membrantätigkeit und der Gewebsflüssigkeit

Abb. VI/1. Von Entladung (220 V Wechselstrom) getroffene Hautpartie der Brust mit drei Strommarken, deren *Haut transparent* geworden ist (Todesfall).

Abb. VI/2. *Weißliche, harte,* tiefreichende reaktionslose *Strommarke* auf der Ferse (Erdschluß), die sich auch sechs Wochen (!) später völlig *unverändert* präsentiert und schließlich als ein einheitliches, wie ein *von allem Anfang an „konserviertes" anatomisches Präparat* abfällt.

Abb. VI/3. Das stromgetroffene Genitale, wie gequollen, *hyalinisiert,* wie von einem schankrösen Ulkus eingenommen, dessen klinische Natur sich wohl als harmlos, aber pathogenetisch als schwer erfaßbar erweist.

Abb. VI/4. Heilungsstadium des genannten Stromeffekts (Abb. VI/3).

Abb. VI/5. Immediatphänomen an Holzfasern einer blitzgetroffenen Fichte, wie gequollen, feucht, strukturlos und an feuchte *Zellulose* gemahnend.

Abb. VI/6. Mikroskopischer Hirnschnitt (elektrisch betäubtes Schwein, Schlachthof, 80 V Gleichstrom), Blutgefäß mit *ausgetretenem Blutplasma* (immediat gesteigerte Permeabilität der Gefäßwand?).

Abb. VI/7. Blutflüssigkeit in einem Hirngefäß (tödlicher Unfall), wie homogenisiert, *hyalinisiert.*

B. Verfärbte elektrische Strommarken

Abb. VI/8. Linker Daumen mit zwei kleinen, tief sitzenden, immediat *pechschwarzen Strommarken* mit je einer lichten, nicht verfärbten Zentralstelle (kein Oberflächenphänomen!).

Abb. VI/9. Rechter Ringfinger mit immediat aufgetretener, blauschwarzer Verfärbung der Fingerbeere nach elektrischem Unfall (kein Oberflächenphänomen).

Abb. VI/10. Linker Zeigefinger mit drei *verschieden gefärbten* Strommarken, wie durch Beizungsverfahren erzeugte Oberflächenphänomene (elektrischer Unfall).

Abb. VI/11. Dendritische, bräunliche *Pigmentierung* der Rückenhaut mit deutlicher Konfiguration einer typischen Blitzfigur, ein bis zwei Wochen nach Blitzschlag in Erscheinung getreten.

Abb. VI/12. Herdförmig verteilte *Entfärbung,* Erbleichen der Haare des Kopfes, der Augenwimpern links und der gleichen Schnurrbarthälfte, sogenannte Canities, zwei bis drei Tage nach Blitzschlag in Erscheinung getreten.

C. Stoffliche Veränderungen unbelebter Materie

Abb. VI/13. *Schwarzer Hosenstoff* eines blitzgetroffenen Senners mit winzigen Perforationen, in deren Umgebung manche Textilfasern ihre Färbung eingebüßt zu haben scheinen, die sich dadurch als *lichte Flecken* manifestieren.

Abb. VI/14. Brettchen (Eichenholz), als Isolator zwischen Nieder- und Hochspannungswicklung benützt, durch Kurzschluß beschädigt: nebst der tief ins Holz reichenden Blitzfigur macht sich auf der Oberfläche ein sichtlicher *Hochglanz des Holzes* geltend.

Abb. VI/15. Fragment eines gußeisernen Gasrohrs, durch vagabundierende Erdströme weich und wie Graphit schabbar geworden. Die dadurch entstandene *Graphitierung des Eisens* durch die aufgesetzte Messerklinge als schabbar gekennzeichnet.

Die folgenden Teile eines gußeisernen und eines schmiedeeisernen Gasrohres zeigen Unterschiede in der Morphologie der durch vagabundierende Ströme verursachten Konsumptionsdefekte der Rohrwand:

Abb. VI/16. *Gußeisernes* Rohr mit *muschelartigem* Defekt, streng gezielter Durchlochung.

Abb. VI/17. *Schmiedeeisernes* Rohr mit *steil* abfallendem Defekt.

Abb. VI/18. Durchschlagskanal in einem *Porzellanisolator* mit zwei verschieden beschaffenen und gestalteten Kanalhälften: *links* eher der Charakter von aneinander gereihten *Vakuolisierungen, rechts* perlenartig einander folgende, walzenförmige und zu einem *rundlichen Stab* vereinigte Körper. Das sonst homogene Porzellan präsentiert sich in diesem experimentell gewonnenen Durchschlagskanal *wie strukturiert.*

D. Stoffliche Verhaltungsweise lebender Substanz in klinisch-therapeutischer Betrachtung

Ein dem Studium durch Stromdurchgang verursachter Veränderungen gewidmetes Buch bietet wenig Raum, aus solchen Untersuchungen für die klinischen Aufgaben abgeleitete Richtlinien zu einer eingehenden Diskussion zu bringen oder Argumente aufzuzählen, warum nur die konservative Therapie der naturgewiesene Weg ist, die elektrischen Heilungsvorgänge einen bisher unvorstellbaren Reifegrad erlangen zu lassen. Trotzdem erscheint es angezeigt, Serienaufnahmen von Heilungsvorgängen einiger ernster Unfälle hier vorzuführen, um dem Leser die auch in der Physiognomie der Wunde sich manifestierende *Eigengesetzlichkeit* — z. B. das Gesetz der Form und den Sinn des großen Naturprinzips der elektrischen Aktion — vor Augen zu führen; oder auf die bisher nicht gekannte Verhaltungsweise der lebenden Substanz hinzuweisen, die sich hier im *Ausbleiben von Entzündungserscheinungen,* in *Resistenz gegen Infektionen* und *gegen Eiweißzerfallstoxikosen,* in Produktion eines funktionstüchtigen, aber ohne Röntgenschatten einhergehenden Knochenkallus, im *Neuwachsen völlig zerstörter, höher organisierter Gelenksbänder,* im Verschontbleiben von degenerativen Nacheffekten, z. B. Karzinom usw. usw. kundgibt, die alle einen extraordinären, bedeutsamen Beitrag zu dem Problem der durch elektrischen Strom instigierten, stofflichen Verhaltungsweise bilden.

So sind z. B. die drei folgenden Stadien einer sich anfangs harmlos präsentierenden, linearen Strommarke am Hals in der Tat ein Schulbeispiel für die Beurteilung einer durch Stromdurchgang verursachten Gewebsveränderung sowie für die Vorstellung von der Gestalt des elektrischen Feldes und über Wandelbarkeit und *höhere Ausbildungsfähigkeit der lebenden Substanz:*

Abb. VI/19. Eine schmale, lineare, sich wie eine Hauteintrocknung präsentierende Strommarke, durch Berührung mit einem Kupferdraht einer Lichtleitung (110 V Gleichstrom) verursacht; die Haut zu beiden Seiten der Strommarke unversehrt und völlig normal.

Abb. VI/20. Zehn Tage nach dem Unfall hat sich eine breite, wie mit einem scharfen Messer geschnittene Wunde mit geradlinigen, parallelen Rändern etabliert, regulär geometrisch gestaltet und in beachtenswerter Weise *von einer Infiltration, Entzündung* oder Eiterbildung *verschont.*

Abb. VI/21. Auffallend günstiges Heilungsstadium fünf Wochen nach dem Unfall. Bei der zirka 40 Jahre später durchgeführten Kontrolle war keine Spur, auch keine Narbe der ehemaligen Verletzung wahrnehmbar.

Die Serienaufnahme des folgenden Unfalls (35.000 V Wechselstrom, Funkenentladung gegen die rechte Stirnbeinhälfte) zeigt, daß ein auch *der Beinhaut beraubter Knochen zu keinerlei Komplikationen* Anlaß gibt, ohne entstellende Narbenbildung heilt und auch in den folgenden 30 Jahren beschwerdefrei bleibt:

Abb. VI/22. Rezente, bis auf den Knochen reichende Verletzung von determiniert ovaler Gestalt (Ausdruck des „Feldes").

Abb. VI 23. Sechs Wochen später: ursprüngliche, ovale Form der Wunde fortbestehend, der *vom Periost entblößte Knochen* sichtbar, aber ohne Infiltration, *ohne Entzündung* und *ohne Eiterung!*

Abb. VI/24. Zwanzig Jahre später: die Stelle der Verletzung nicht kenntlich, die Ersatzhaut zart, schmiegsam und über dem Knochen faltbar; dauernde, vollkommene Wiederherstellung.

Ein schwerer, zur breiten und tiefen Eröffnung des Ellbogengelenkes führender Unfall durch Funkenentladung einer 50.000-V-Anlage:

Abb. VI/25. Rezente Verletzung, keine Schmerzen, keine Entzündung, keine Eiterung, keine Störungen des Allgemeinbefindens.

Abb. VI/26. Fünf Wochen später: Gelenkskapsel zum großen Teil fehlend, Gelenksbänder zerstört, Gelenkskörper des Ober- und Unterarmes mit stellenweise zerfallendem Knorpel liegen zutage; keine Infiltration, keine Entzündung, keine Eiterung, das Bild einer *reinen aseptischen Wunde!*

Abb. VI/27. Drei Jahre später: der bloßliegende Knochensequester noch nicht abgefallen; trotz energischen Zugreifens mit einer Knochenzange bleibt der Sequester schmerzlos, gibt eine starre, feste Verbindung mit dem lebenden Knochen zu erkennen. Im Röntgenbild wohl eine äußerst schmale gerade *Linie* (Aufhellungslinie) sichtbar, aber *keine Demarkationszone* zwischen totem Sequester und lebendem Knochen feststellbar: weder durch klinische Untersuchung noch durch das Röntgenbild war eine Aufklärung über diese durch Jahre völlig symptomlose, rätselhafte *Grenzlinie zwischen Leben und Tod* zu gewinnen!

Viereinhalb Jahre nach dem Unfall ist der Sequester spontan abgefallen; das Ellbogengelenk erweist sich anatomisch und funktionell, im Widerspruch mit den sonstigen Erfahrungen der Allgemeinen Pathologie, als völlig normal. Wenn auch der Heilungsvorgang mehr als vier Jahre in Anspruch genommen hatte, so war die Wiederaufnahme der Berufstätigkeit des Elektroingenieurs bereits ein halbes Jahr nach dem Unfall möglich gewesen.

Abb. VI/28. Ein mikroskopischer Schnitt durch die glatte, zarte, von Keloidbildung verschont gebliebene Ersatzhaut dieses Ellbogens bietet eine Überraschung in der Hinsicht, als die Narbe, das ist die Ersatzhaut, mit einem zarten, völlig *normal konstruierten Netz elastischer Fasern* [1] ausgestattet ist (vgl. rechte Hälfte des Bildes). Eine Notiz zu diesem überraschenden Befund eines „elastischen Netzes" findet sich im folgenden Absatz E dieses Abschnittes.

E. Der elektrische Strom und die elastische Substanz

Unter allen durch elektrischen Strom verursachten stofflichen Veränderungen gebührt den Vorgängen in der elastischen Substanz vielleicht die größte Beachtung.

Mit diesen elektrogenen Veränderungen der Elastica beginnt ein neues Kapitel der Biologie, aber auch der Heilkunde, und zwar nicht nur bezüglich elektrischer Verletzungen, sondern auch der Allgemeinen Pathologie, ein Kapitel, das völlig *neue therapeutische Perspektiven* aufweist.

Die neue biologische Forschungsrichtung, neu schon dadurch, daß *Grundstoff* und *funktionelle Fakultät der Elastica* als Problem — *ambipolare, gewebsspezifische Relation* (Abb. VI/29, VI/30) einerseits und *strombedingter transienter Funktionswandel* (Abb. VI/31, VI/32) anderseits — in Kalkulation zu ziehen ist, findet in der in den Abschnitten I und IV erörterten und illustrierten, ebenfalls *gewebsspezifischen Polarisation* (Abb. I/2) und in dem *gewebsspezifischen Farbentest* (Abb. IV/7) ihre sinnverwandten, experimentellen Wegbereiter.

---

[1] Vgl. R. H. DALE, British Journal of Plastic Surgery, 1954, p. 48.

Die Bedeutung der äußerst frappierenden, bisher nicht vorstellbaren Elasticaveränderung, nämlich des *transienten Funktionswandels der Elastica in der Gefäßwand* (z. B. Abb. VI/32), erscheint um so einleuchtender, wenn man in Erwägung zieht, daß ein solcher experimenteller, streng umschriebener Stromeffekt — Erschlaffung und ein Durcheinander der um ihre Grundeigenschaft gebrachten elastischen Fasern der Media (Arteria femoralis) — nach Einwirkung einer relativ geringen Stromstärke von *2,5 mA einer Akkumulatorbatterie 20 V und 10 Sekunden Dauer,* also durch einen Strom, wie er alltäglich in der Elektrotherapie Anwendung findet, *fast immediat entstanden ist.*

Es wirkt überraschend, daß bei einer so kleinen Stromstärke eine so große und zutiefst reichende, den Aufbau der Elastica von Grund auf umgestaltende Veränderung — *Elastica wandelt sich in Plastica* — Platz zu greifen vermag.

Und wäre man geneigt, hinter diesem frappierenden, stofflichen Vorgang einen destruktiven Mechanismus des elektrischen Stroms zu vermuten, so lehrt die sich einige Stunden nach der Experimentaluntersuchung geltend machende *Reversibilität* des Effektes — *Rückwandlung der Plastica in Elastica* —, daß schon beim ersten Akt des transienten Funktionswandels ein *konstruktives Element oder ein konstruktiver Stil des Stroms* im Spiele gewesen sein mußte, ein konstruktives Element, das die „direkte Relation des Stroms und der Materie" (FARADAY, § 1423) als eine *intime, subtile Assoziation* zum Ausdruck kommen läßt, wie sie in der „Einführung" des Buches erörtert und exemplifiziert wird.

Mit diesen *experimentellen* Feststellungen stimmen *empirische,* schon früher an normal pulsierenden *Blutgefäßen angestellte Erhebungen* überein. Nur dauerte es lange, bis der Sinn dieser merkwürdigen Phänomene erfaßt zu werden vermochte: Auch dieses vor mehr als 50 Jahren nicht an Unfallverletzten, sondern an *gesunden jugendlichen,* im Bereich von stromführenden Apparaturen beschäftigten Elektroarbeitern erhobene Phänomen eines „*Arteriarigors*" („Beobachtungen an Elektroarbeitern", Wiener klinische Wochenschrift, 1900) konnte damals einem plausiblen Räsonnement nicht zugeführt werden, weil die Kenntnis über die eventuelle Rolle der Elastica damals fehlte.

Und wenn auch frühzeitig genug, vor zirka 30 Jahren, ein überraschendes histologisches Bild (vgl. Abb. VI/28), wie es bis dahin unbekannt war, in sehr eindringlicher Weise auf enge Beziehung zwischen Strom und Elastica hinzuweisen imstande war, so standen dem Räsonnement bzw. dem Erkennen dieses realen und apodiktischen Phänomens die Erfahrung und die Lehre sowie der anatomische Befund der Allgemeinen Pathologie entgegen, nämlich, daß es in einer Hautnarbe — das ist nach Verbrennungen, Verätzungen usw. — keine Elastica gibt!

Das Gegenargument, daß einer nach einer *rein elektrischen Verletzung* sich bildenden Ersatzhaut (Narbe) dieselbe prinzipielle Sonderstellung zu gewähren ist wie dem Wundverlauf einer rein elektrischen Verletzung, vermochte sich nicht überzeugend durchzusetzen. Es *fehlte eben der Schlüssel zum nicht geahnten Geheimnis der Elastica!*

Erst das *Experimentalergebnis mit Elastica* — dessen Voraussetzung in der Erforschung der poldifferenzierten Stromeffekte (vgl. Abb. V/11, obere Reihe) lag —, durch das die hier diskutierte *ambipolare, kontrastierende Relation* (Abb. VI/29, VI/30), ebenso wie auch der *strombedingte, transiente Funktionswandel der Elastica* (Abb. VI/31, VI/32 usw.) *zur Enthüllung* gebracht worden waren, vermochte das *rätselhafte Elasticanetz in einer Hautnarbe* — das ist nach *elektrischer* (!) Verletzung — einer Klärung zuzuführen.

Diese Feststellung, daß ein *voll ausgebildetes Elasticanetz nur der elektrischen Hautnarbe* zu eigen ist, d. h. daß dessen *Entwicklung der Einwirkung des elektrischen Stroms* zuzuschreiben ist, findet eine weitere Stütze in histologischen Untersuchungsergebnissen *des Wundsaumes* einer elektrischen Wunde auch schon in ihren allerersten Heilungsphasen: in Übereinstimmung damit, daß in der elektrischen Wunde in der Regel weder Zeichen von Entzündung noch von Eiterung vorhanden sind, gibt es unter der gegen die Mitte der Wunde vorwachsenden Epithelschicht keine Eiterzellen, dafür aber auf elastische Fasern deutende Filamente: im Gegensatz dazu finden sich unter der gegen die Mitte einer Verbrennungswunde vorwachsenden Epithelschicht keine elastischen Fasern, sondern nur Eiterzellen.

Die Ausnahmsstellung des voll ausgebildeten Elasticanetzes in elektrischen „Narben" geht noch mit einem weiteren Prae einher, das sich darin äußert, daß eine *elektrische „Narbe"* in der Regel von Schrumpfungen, *von Keloidbildungen* und von sonstigen degenerativen Prozessen *verschont* bleibt!

Unter mehr als 5000 innerhalb von 50 Jahren zur Behandlung und systematischen Beobachtung gelangten Unfallsopfern mit elektrischen Verletzungen an allen möglichen Körperstellen und im Bereich äußerer und innerer Organe kam *nicht ein einziger Fall karzinomatöser Degeneration* einer elektrischen „Narbe" zur Beobachtung!

Die diesbezügliche Bilanz von Verbrennungen, und auch von elektrischen Verbrennungen, lautet anders.

Die *ungemein prompte und präzise Wechselwirkung von elektrischem Strom* und *elastischer Substanz,* die nicht nur mit vielgestaltigen, histologischen Veränderungen und mit rätselhaften stofflichen Vorgängen, sondern auch mit eigengesetzlichen, bisher wenig erforschten, klinischen Phänomenen einhergeht, läßt *die bisher anonym gebliebene Elastica* als *eine besondere, mit Elektrizität,* dem „großen Naturprinzip der elektrischen Aktion" (FARADAY, § 1161), *innigste Relation — konstruktiver Art* (!) *— aufweisende Gewebsart,* vielleicht als ein lebenswichtiges System erscheinen.

Experiment III: Experimentalergebnisse an elastischer Substanz

Die beiden folgenden Bilder zeigen experimentelle Ergebnisse an Leichenhaut, die durch Applikation von Silberelektroden (Lichtstrom 110 V Gleichstrom, 1 bis 2 Sekunden) gewonnen wurden. Der Befund des pathologischen Anatomen Prof. H. CHIARI lautete:

Abb. VI/29. „Unter dem Pluspol sind die elastischen Fasern kompakt, gewellt, kontrahiert."

Abb. VI/30. „Unter dem Minuspol erscheinen die elastischen Fasern erschlafft, zarter, verbreitert, aufgelockert, im Verschwimmen." (Vgl. die erwähnten, von Prof. E. H. Leach [Oxford] ausgeführten Kontrollversuche und deren Ergebnisse in Abb. V/14, V/15.)

Abb. VI/31. Histologischer Schnitt der Magenwand mit dem Phänomen von Stratifizierung dort, wo auf die Magenwand des narkotisierten und laparotomierten Hundes die Pluselektrode eines Batteriestroms (20 V) zirka 10 Sekunden appliziert worden war; die Stromstärke betrug, wie oben erwähnt, 2,5 mA.

Die linke Hälfte des Präparates, wo die Platinelektrode (Plus) appliziert worden war, erscheint in ihren Schichten (Peritoneum, Muscularis, Mucosa) deutlich verdünnt, *erschlafft* und infolgedessen ausgebuchtet, aber nicht desintegriert.

Dieser Stromeffekt ist *immediat* in Erscheinung getreten und hat sich als *umschriebene,* schlaffe, vorgewölbte *Stelle der Magenwand* manifestiert. Bei einem überlebenden Tier hat sich eine solche ausgestülpte Stelle, die ihre *Elastizität immediat eingebüßt* und dafür Bildsamkeit und Plastizität der Substanz gezeigt hatte, nach zirka 24 Stunden als *reversibel* manifestiert und ihren Status quo ante — das ist Elastizität — wieder gewonnen.

Abb. VI/32. Querschnitt einer Arteria femoralis — Experiment am narkotisierten Hunde — mit einer *streng umschriebenen Stelle,* wo die Elasticafasern wie gequollen gewellt, ohne Spannung und wirr durcheinander ziehen (ähnlich wie im Leichenversuch, Abb. VI/29), und zwar dort, wo die Platinelektrode (Plus) des genannten Batteriestroms angelegt und einige Sekunden Strom eingeschaltet war. Auch in diesem Präparat war die *Erschlaffung der Elastica,* das ist die durch die Durchströmung *bildsam gewordene Partie* der Gefäßwand, von aneurysmatischer *Ausbuchtung* gefolgt.

Abb. VI/33. Die Sklera beider Augen, besonders deutlich des linken, eines blitzgetöteten Knaben zeigt rundliche, rechts dagegen eckige, scharf *umschriebene Eindellungen mit Verlust des Turgors* und der *Resistenz* des Gewebes an diesen vom Blitz markierten, faltbar gewordenen Einschlagstellen.

VII. Thermische und komplexe Spuren

Der seit Beginn streng eingehaltene Vorgang der Betrachtung der durch Stromdurchgang verursachten Spuren, wobei wir sorgfältig zwischen den Wirkungen der „elektrischen" und der „wärmenden" Kräfte des Stroms zu unterscheiden haben, hat sich sowohl im Interesse der ärztlichen Behandlung der Unfallverletzen als auch der Aufgaben der Spurenkunde fruchtbar ausgewirkt.

Durch die thermische Aktion des Stroms gehen viele, oft alle wichtigen Kriterien und Stigmen, die Wegweiser zur Agnoszierung der Elektrogenese verloren; aber an Hand der charakteristischen Grundlagen der spurenkundlichen Bilder und Richtlinien erscheint heute eine Analyse auch so mancher Brandwirkungen des elektrischen Stroms gangbarer und auch deren therapeutische Belange auf verläßlicheren Grundlagen aufgebaut.

Nicht nur mit Rücksicht auf diese neue Handhabe, sondern auch im Interesse der Einheitlichkeit des Themas wird hier der Versuch unternommen, auch *thermische Spuren* zu prüfen und mit ihnen auch noch *komplexe Spuren,* das sind jene, denen nicht die Motive oder die Kriterien der allgemeinen Spuren zu eigen sind, zu mustern; auch deren Erkundung vermochte so manche Aussage und Ergänzung zu dem Grundthema zu liefern.

So manifestiert sich das folgende Bild eines blitzgetroffenen, zirka 15 m hohen Holzmastes einer Hochspannungsanlage als simple Versinnbildlichung „der elektrischen und wärmenden Kräfte des Stroms". Von der Mastspitze bis zum Boden durchsetzen zwei rundliche Röhren, man darf sagen Blitzröhren, unmittelbar nebeneinander das Innere der Holzsubstanz, ein Phänomen, das beim Zersägen des Mastes aufgedeckt wurde.

Abb. VII/1. Sägeschnitt bzw. ein Block des blitzgetroffenen Holzmastes mit zwei benachbarten Durchbohrungen; die größere manifestiert sich mit einer Verkohlung der Innenwand, die andere ohne Zeichen von Hitze, aber ausgefüllt von verschieden konfigurierten, eckigen, zusammengepreßten, gestauchten Holzkörpern des ehemaligen Kernholzes des Fichtenstammes.

Abb. VII/2. Ergebnis eines *Experimentes:* Die blanken Poldrähte eines Energietransformators (60.000 V Wechselstrom) werden auf die Enden eines zirka $^1/_4$ m langen Brettchens (Fichtenholz) gelegt; daraufhin wird rasch ein- und ausgeschaltet; durch den Funkenüberschlag entstehen auf dem Fichtenholz zwei ziemlich gleich lange, benachbarte, wellenförmige Kerben (Rinnen), die mit ihren beiderseitigen Enden zusammenhängen. Die eine dieser Kerben erscheint wie mit einem Griffel ins Holz eingepreßt, wobei Farbe und sonstiges Aussehen des Holzes unverändert bleiben.

Die andere Kerbe dagegen reicht tiefer ins Holz, ist tief dunkelbraun verfärbt und manifestiert sich als ein *Brandmal.*

Abb. VII/3. Eine durch Blitzschlag verursachte bronzefarbige (tief dunkelbraune), diffuse und gleichmäßig verteilte, von Schwellung und Schmerzen freie, an ihrer Oberfläche glatte Veränderung der Haut des Gesichtes, des Halses und des Stammes, herab bis fast zur Mitte der Oberschenkel, Augen unverletzt, Haare des Kopfes und des Gesichtes unversehrt, Bewußtsein durch den Blitzschlag kaum getrübt. Bezüglich des Entstehungsvorganges und der Natur der Hautimprägnierung wäre an eine vom Blitzstrom erzeugte (?), fortgeführte und auf der Körperoberfläche deponierte Substanz zu denken; als Analogiebefunde z. B. eine diffuse Grünfärbung auf Glasscheiben nach Blitzschlag durch eventuelle Vergasung und Oxydierung des Kupfers einer blitzgetroffenen Lichtleitung oder winzige weißlichgelbe, festhaftende Auflagerungen, z. B. auf Gewehrkolben (vgl. Abb. III/20), Blitzableiterspitzen usw. Eine eingehende Untersuchung und Verfolgung des Decursus der bronzefarbigen Hautveränderung war während des ersten Weltkrieges nicht möglich.

Abb. VII/4. Die durch Blitzschlag verursachte diffuse, gleichmäßig verteilte und auch durch intensives Reiben nicht abstreifbare, glatte Schwarzfärbung einer Feldflasche (Eisenblech) mit einzelnen kleinen Schmelztröpfchen am Hals der Flasche scheint ein ähnlich beschaffener Blitzeffekt zu sein wie die bronzefarbige Hautveränderung (Abb. VII/3).

Abb. VII/5 a und b. Die kleinen, auf einer Seite feinst punktierten, bräunlich verfärbten Holzsplitter stammen von einer auf dem Dachboden vom Blitz getroffenen Holzstange; die Stange gab da und dort auch oberflächliche Brandflecken zu erkennen. Manche der losgetrennten und auf dem Dachboden verstreuten Holzsplitter waren von dunkelbraunen, festhaftenden winzigen Pünktchen eingenommen; Betrachtung mit der Lupe gestattet die Annahme stofflicher Veränderungen der ergriffenen Holzsubstanz.

Die beiden in Abb. VII/6 und VII/7 dargestellten, durch elektrischen Lichtbogen einer 5000-V-Anlage verursachten schweren Verletzungen stammen von der Obduktion eines tödlichen Unfalls. Beide Stromeffekte sind durch eine besonders mannigfaltige und sehr seltene Phänomenologie charakterisiert, manche Veränderungen sprechen prima vista für Elektrogenese und ebenfalls für intensivste Hitzewirkung, andere wieder sind schwer zu deutende Phänomene bzw. Prozesse.

Abb. VII/6. Der mehr als handtellergroße, von der Stirne bis zum Hinterhaupt reichende Defekt im Schädeldach eines Monteurs, der von einer Lichtbogenentladung (5000-V-Wechselstrom) getroffen worden war, zeigt unmittelbar neben den schwersten Wirkungen des Lichtbogens, der totalen Karbonisierung des Schädeldachs, in unmittelbarer Nachbarschaft Haut und Haare der benachbarten Knochenpartien, die nicht dem Lichtbogen zum Opfer gefallen waren, völlig intakt.

Die Analyse des Defektes gestattet auch Kriterien im FARADAYschen Stil zu finden, aber eine Trennung bzw. Unterscheidung zwischen rein *mechanischer* und *thermischer* Einwirkung, wie dies z. B. bei den Spuren in Abb. VII/1 und VII/2 so evident ist, ist in diesem Fall kaum möglich. Dazu gesellt sich auch noch der Umstand, daß auch Spuren *chemischer Aktion,* und zwar im Bereich der stufenförmigen Schichten des karbonisierten Knochens als grauweißliche winzige Partikelchen (phosphorsaurer Kalk), mit im Spiele sind.

Abb. VII/7. Die des Schädeldachs beraubte Dura mater gibt außerordentlich vielgestaltige und verschiedenartig beschaffene Stromeffekte zu erkennen. Es ist erstaunlich und sehr beachtlich, daß sich außer diesen Veränderungen der Dura mater, die die furchtbare Wucht des Traumas zu ertragen hatte, das ist nebst den Zeichen destruktiven Charakters, *auch so manche Spur konstruktiven Charakters* vorfindet.

Von demselben Gesichtspunkt aus betrachtet, ist es sehr beachtenswert, daß das Präparat der zutage liegenden Dura mater in seiner linken Hälfte eine zirka haselnußgroße, unregelmäßig geformte Durchlochung aufweist, die von einem *zarten, straff gespannten,* aus der festen harten Hirnhaut wie mit *unnachahmlicher Kunst* und Präzision „herauspräparierten" *Faden überspannt* erscheint; beachtenswert sind ferner auch die in der linken unteren Ecke dieser Durchlochung sichtbaren *drei kurzen, parallel und äquidistant ziehenden Saiten* (ebenfalls aus der Substanz der Dura „herauspräpariert"), die durch ihre *Transparenz* auffallen (vgl. *Transparenz der Haut* durch Stromdurchgang, Abb. VI/1, und experimentelle *Transparenz der Dura mater,* Abb. V/18).

Eine ähnliche *Transparenz* (oder eine *Homogenisierung?*) geben auch einzelne Stellen der in der Dura eingebauten *Blutgefäße, das ist deren Wandungen,* zu erkennen.

Besondere Beachtung gebührt drei beiläufig im Zentralteil der Dura befindlichen kleinen, *regulär kreisförmigen Perforationen,* von denen jede einzelne von einem *weißlichen, kranzförmigen Hof* umsäumt erscheint. Unterhalb der mittleren dieser drei regulären Perforationen manifestiert sich ein *weißes, eben wahrnehmbares Pünktchen,* ein mit der Dura innig verbundenes, aus dem Schädelknochen durch chemische Aktion abgeschiedenes *Partikelchen phosphorsauren Kalks.*

Die in der unteren linken Ecke von Abb. VII/7 abgebildeten drei größeren Kügelchen sind ebenfalls phosphorsaurer Kalk und stammen aus dem Schädelknochen (Abb. VII/6) desselben Unfalls.

Es ist kein nebensächliches Detail, daß *inmitten* der aus ebenso zahlreichen wie mannigfaltigen Hitze- und Stromeffekten bestehenden *schweren Destruktion der harten Hirnhaut einzelne Phänomene* auftauchen, aus denen sich — ähnlich wie aus der eine geologische Sandanlagerung durchsetzenden Blitzröhre (bzw. aus deren Baugliedern mit „durchbrochener Arbeit", Abb. I/17) — Aussagen über das *Gesetz der Form und über das konstruktive Element des Stroms dechiffrieren* lassen.

Diese knappen Notizen besagen, daß auch vom thermischen und komplexen Prüfstand aus so mancher lehrreiche *Einblick* in die *Problematik von Strom und Materie* zu gewinnen ist.

Die konstante Linie der durch Stromdurchgang verursachten Spuren findet in den zuletzt postierten thermischen und komplexen Materialveränderungen nicht auch ihr Ende, sondern nur ihre — naturbedingte — endlose Fortsetzung.

VIII. Innenaufnahmen des Museums

Abb. VIII/1 bis 4. Spurenkundliche Sammlung — FARADAY-Kollektion. Auf sieben Prüfständen ist das Studienmaterial zur Schau gestellt, das in den sieben Abschnitten dieses Buches zur Erörterung gelangt.

Abb. VIII/5 und 6. Elektropathologische Sammlungen. Der elektrische Unfall, Elektroschutz und ärztliche Behandlung.

Abb. VIII/7. Blitzschlagmuseum.

Abbildungen

Abb. 1

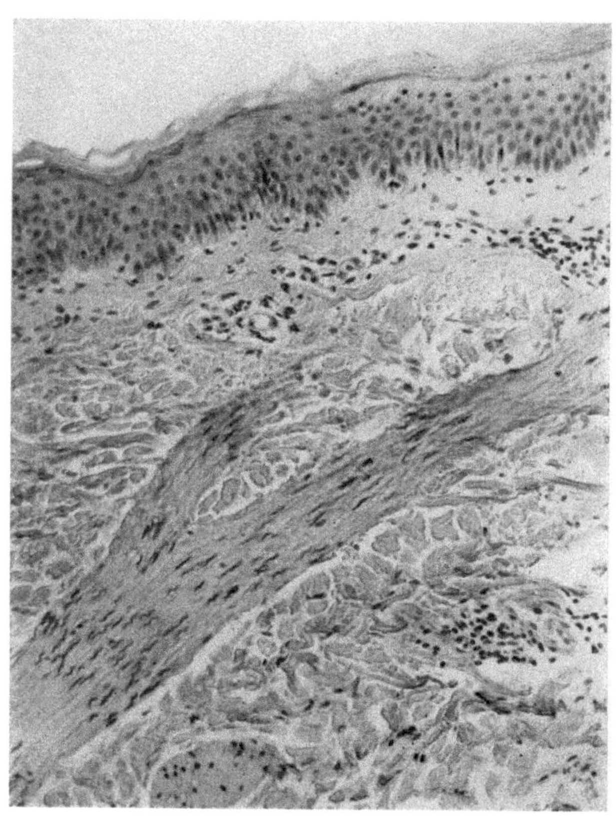

Abb. 2

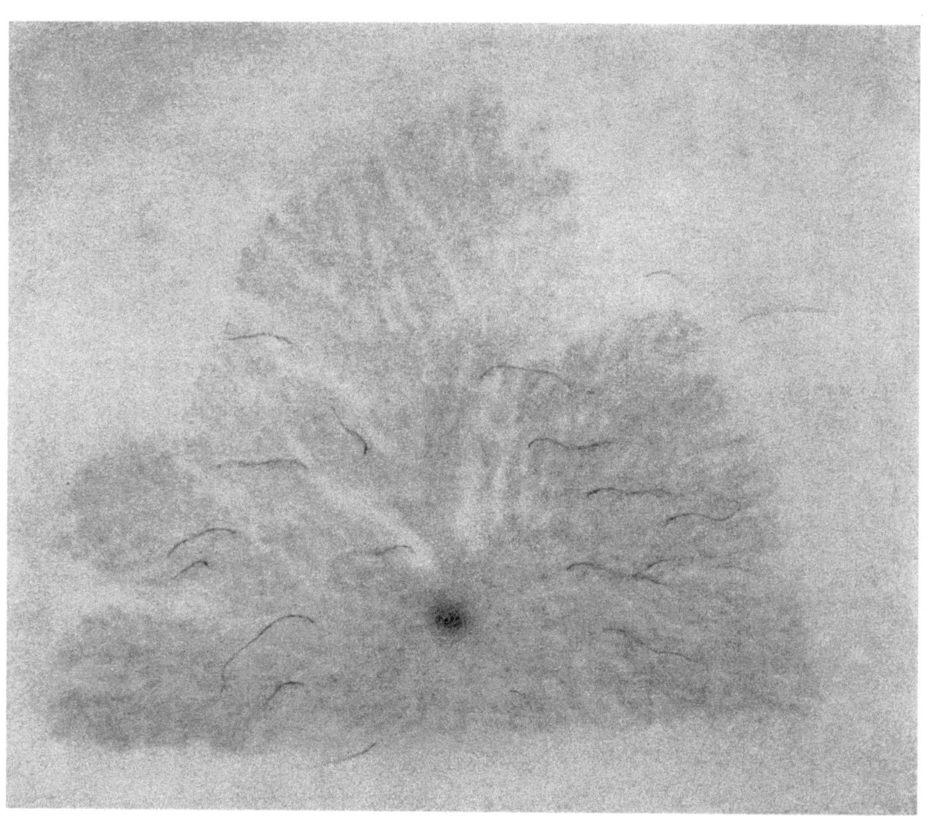

Abb. 3

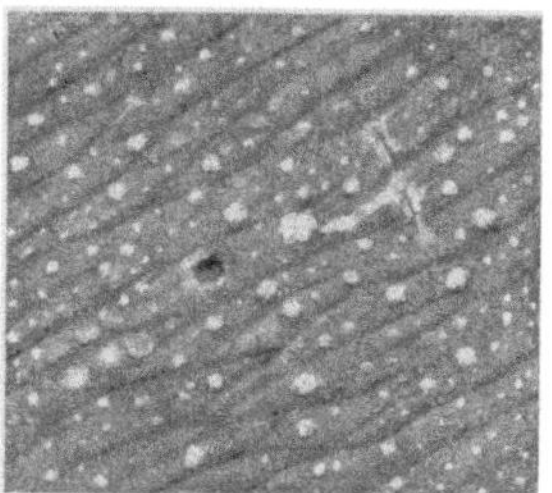

Abb. 4

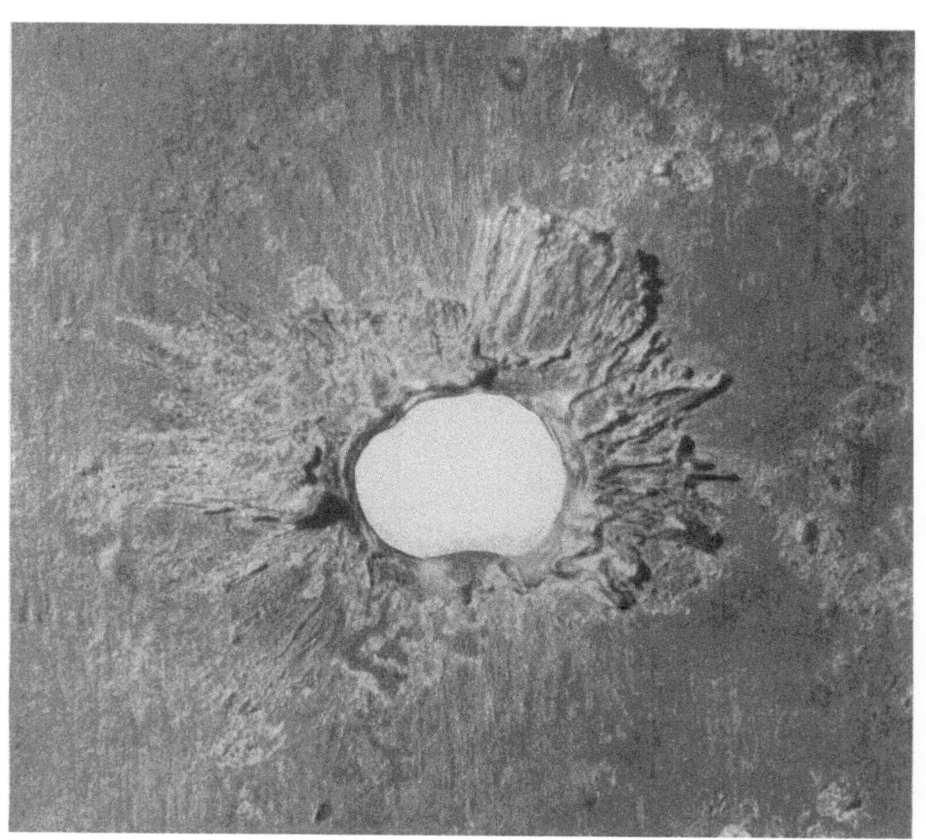

Abb. 5

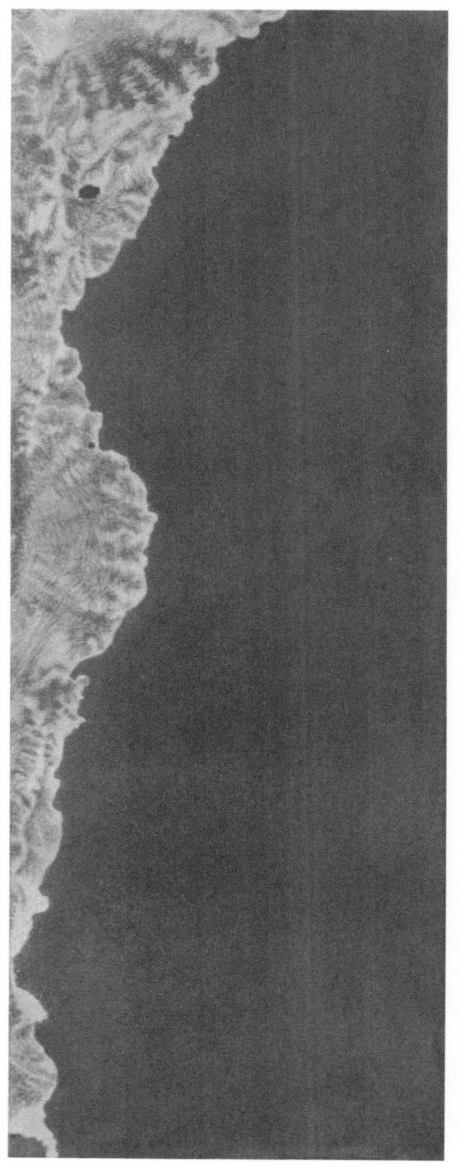

Abb. 6

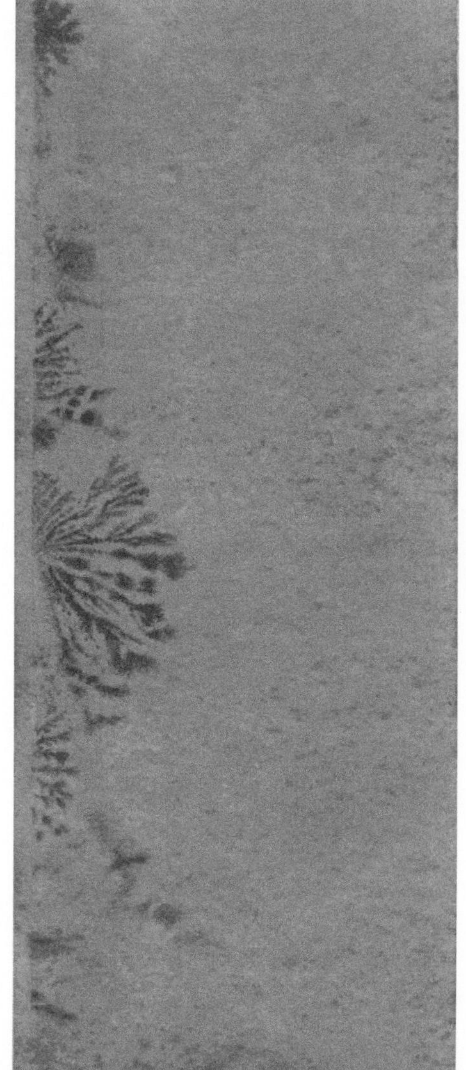

Abb. 7

Abb. 8

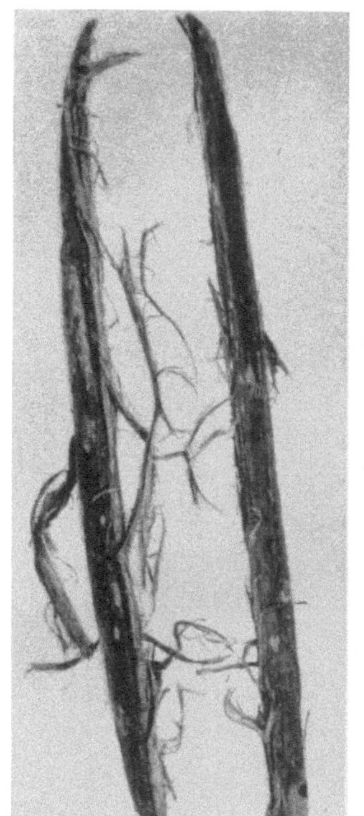

Abb. 9

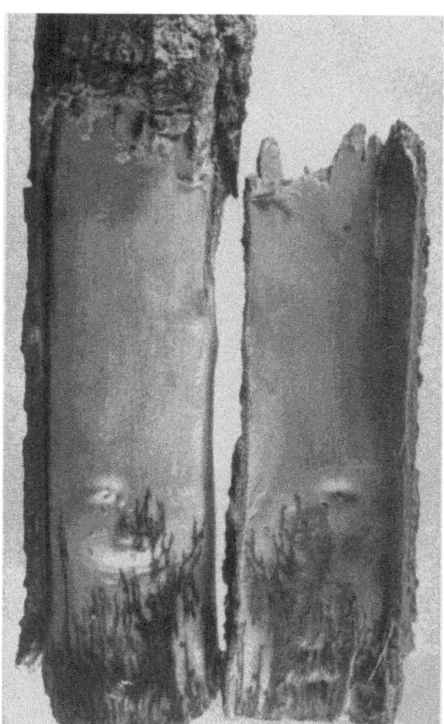

Abb. 10

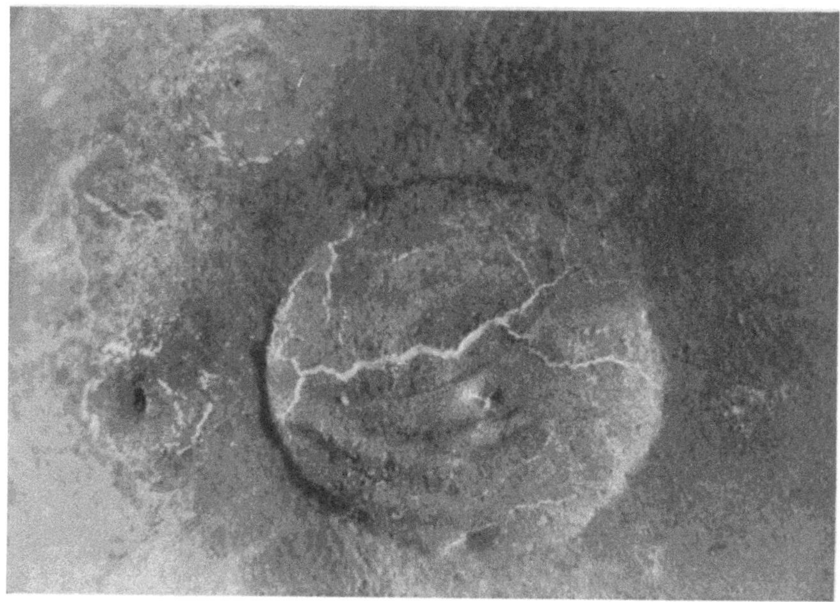

Abb. 11

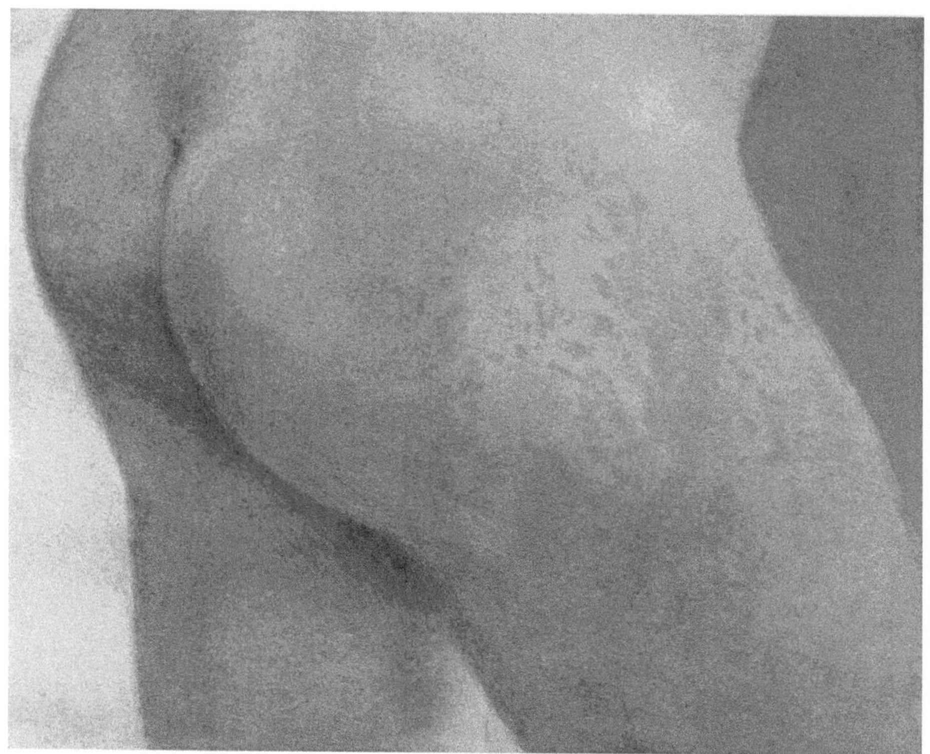

Abb. 12

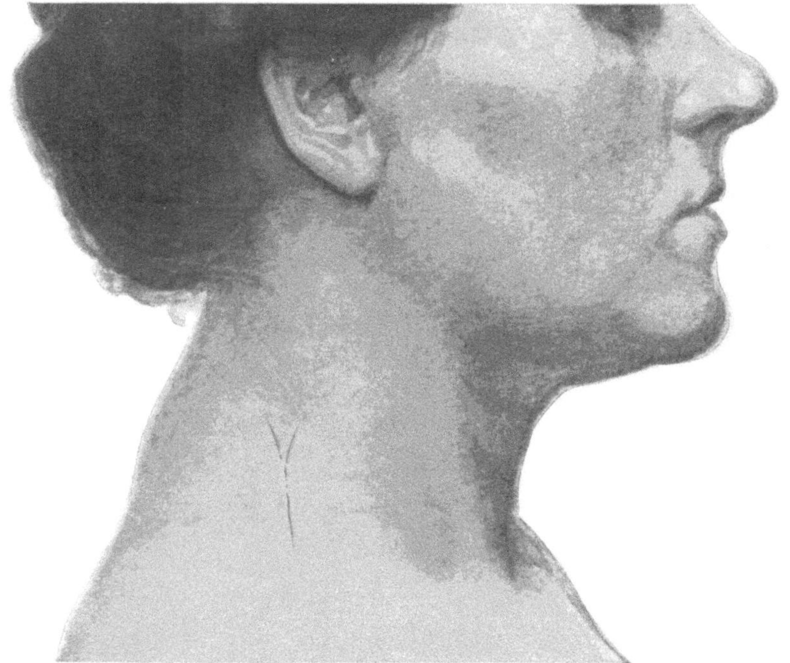

Abb. 13

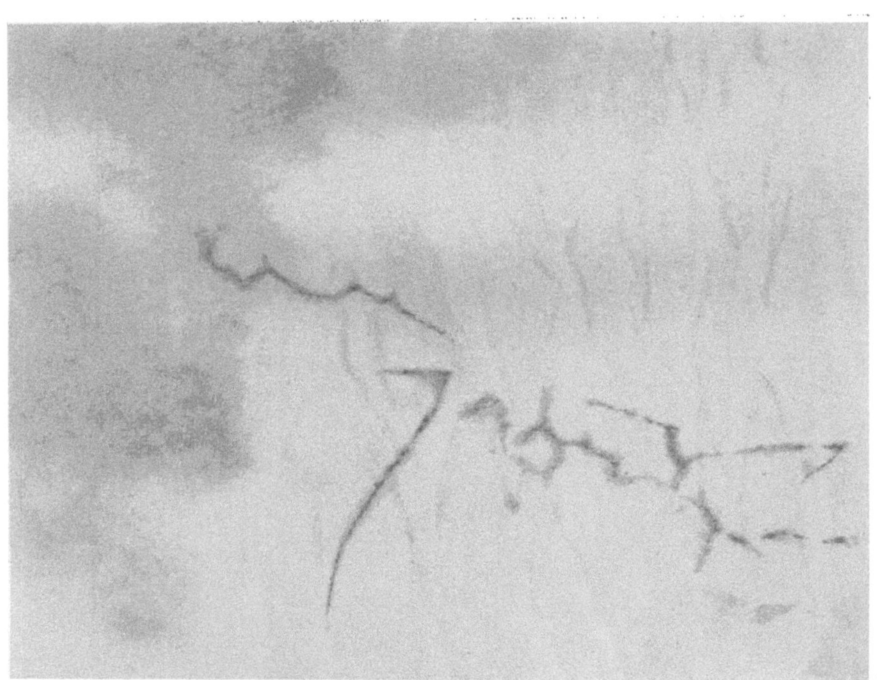

Abb. 14

Abb. 15

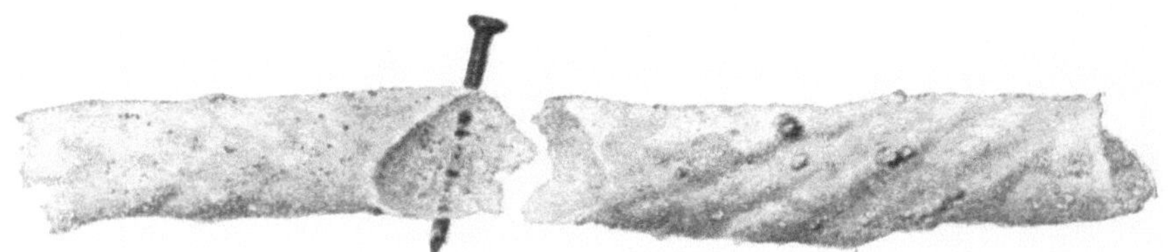

Abb. 16

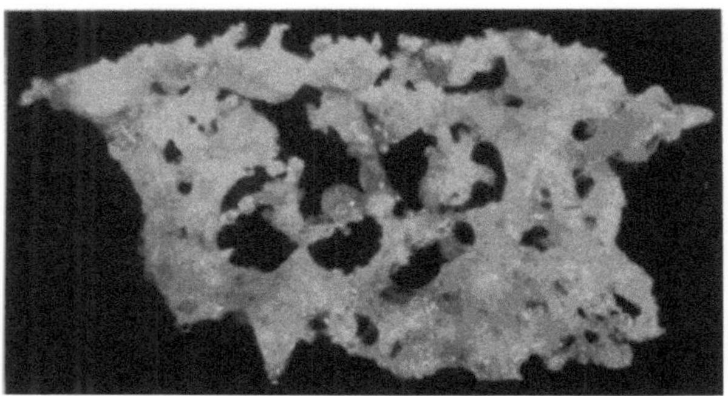

Abb. 17

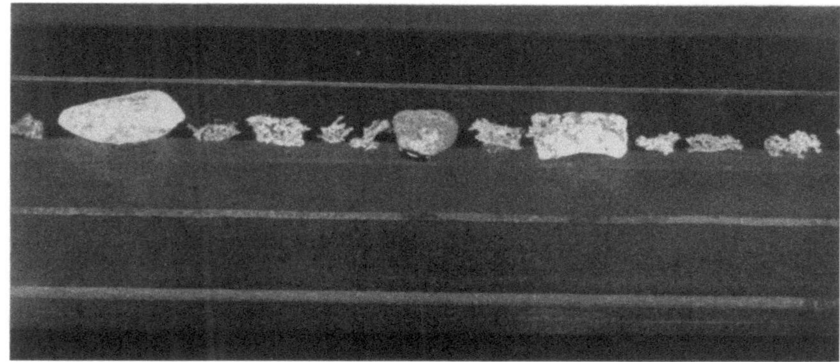

Abb. 18

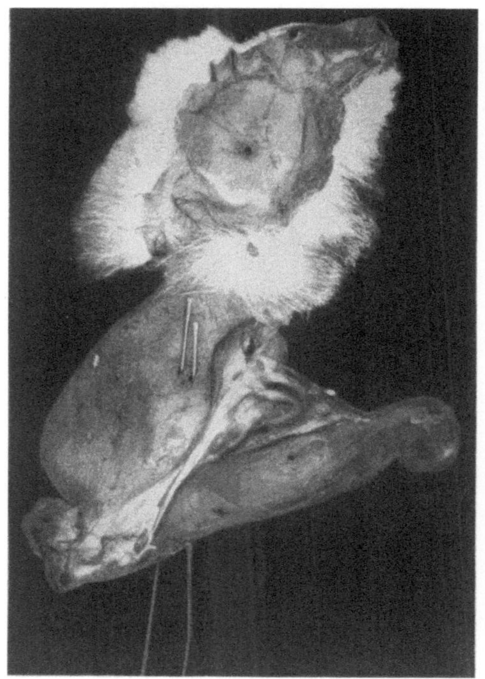

Abb. 19

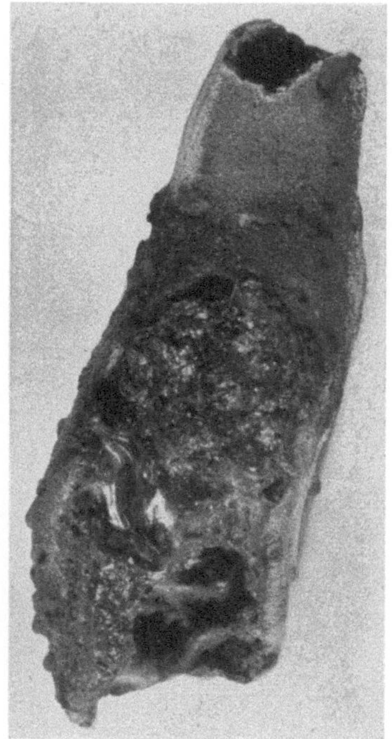

Abb. 20

Abb. 21

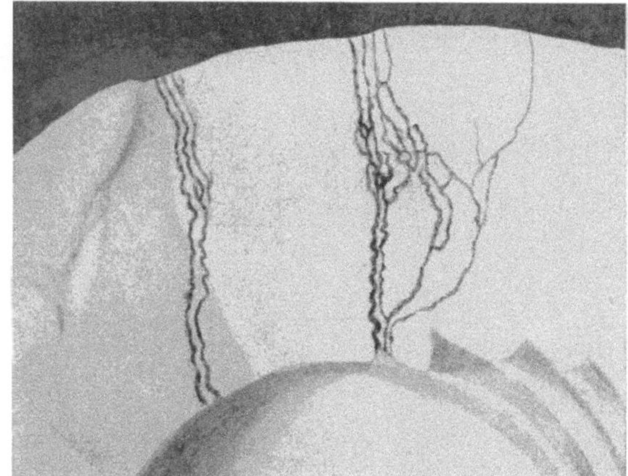

Abb. 22

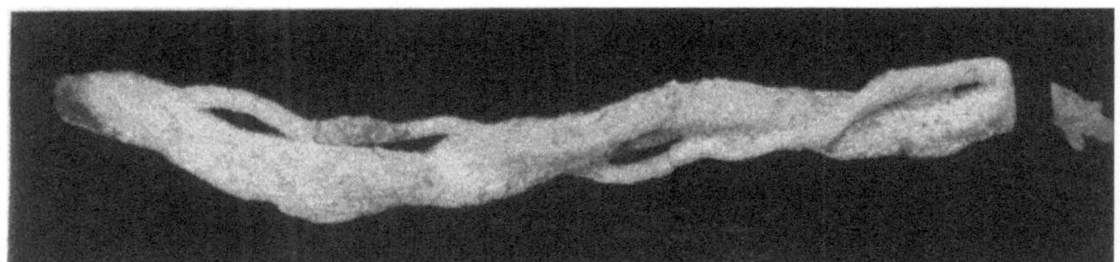

Abb. 23 a

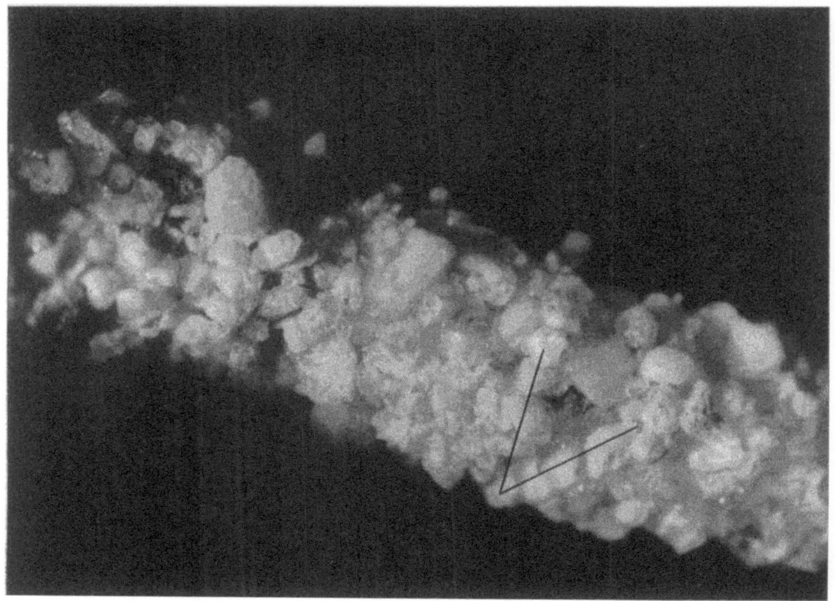

Abb. 23 b

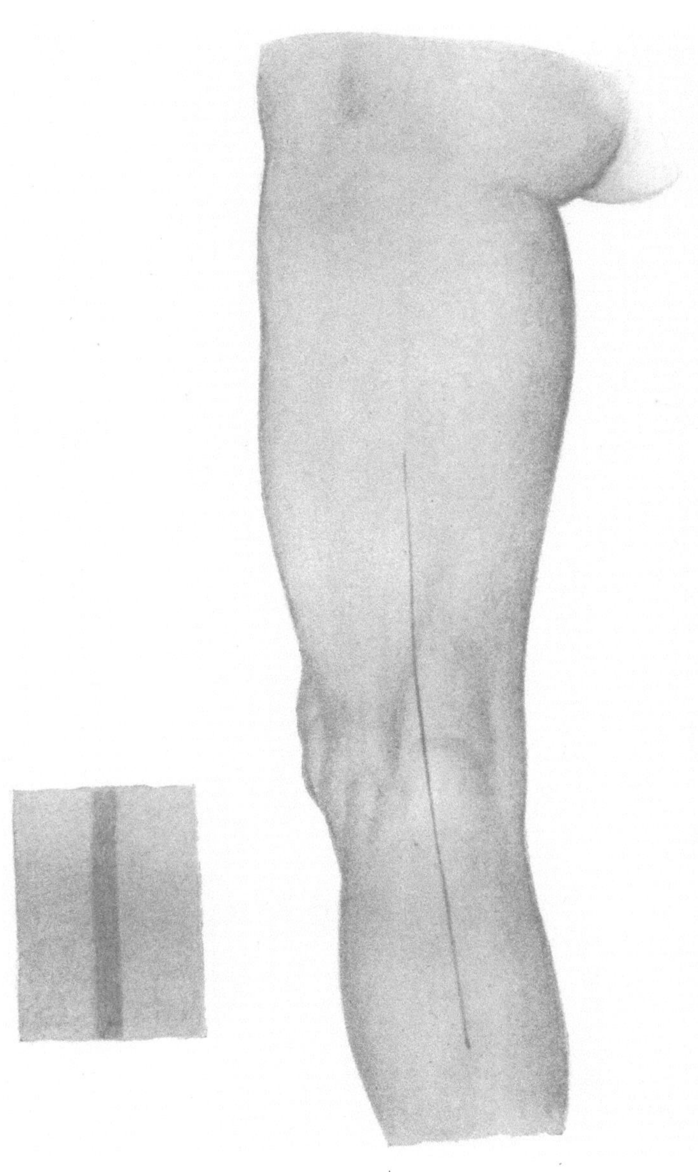

Abb. 24

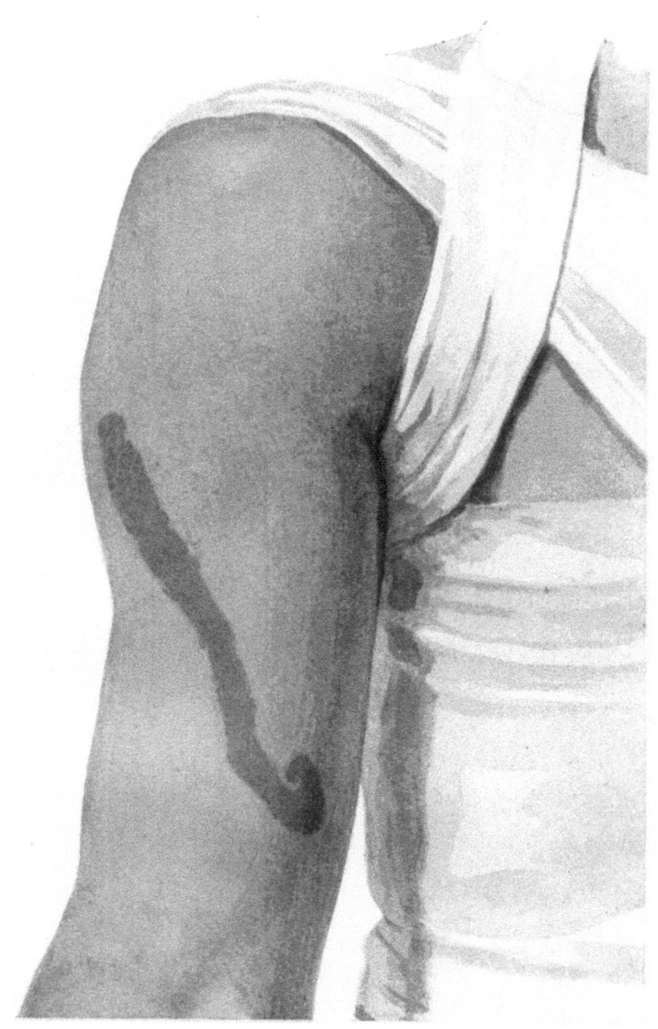

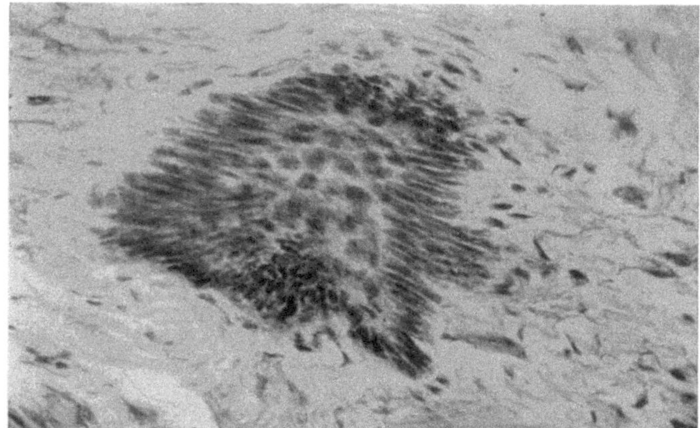

Abb. 26

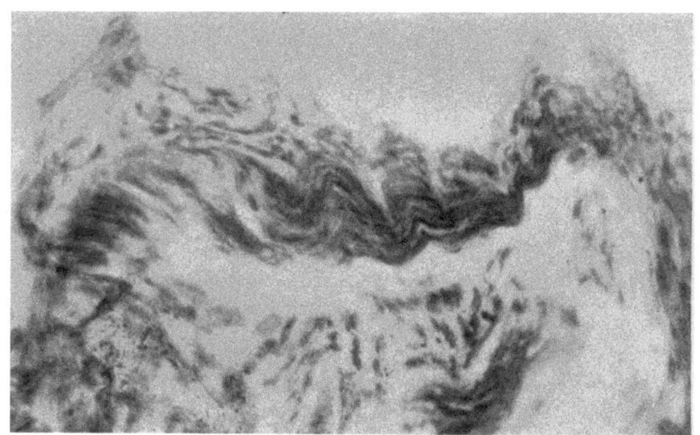

Abb. 27

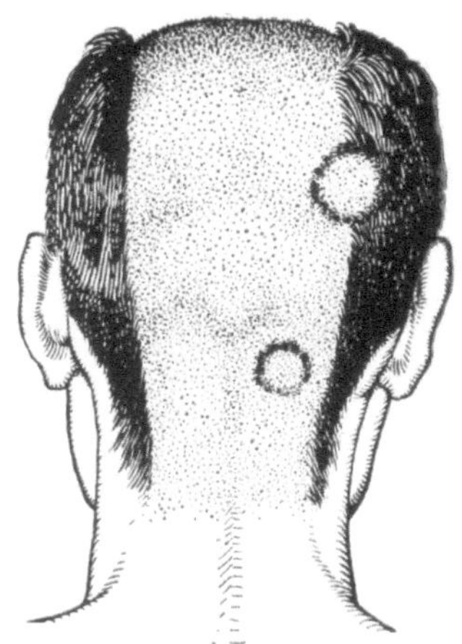

Abb. 28

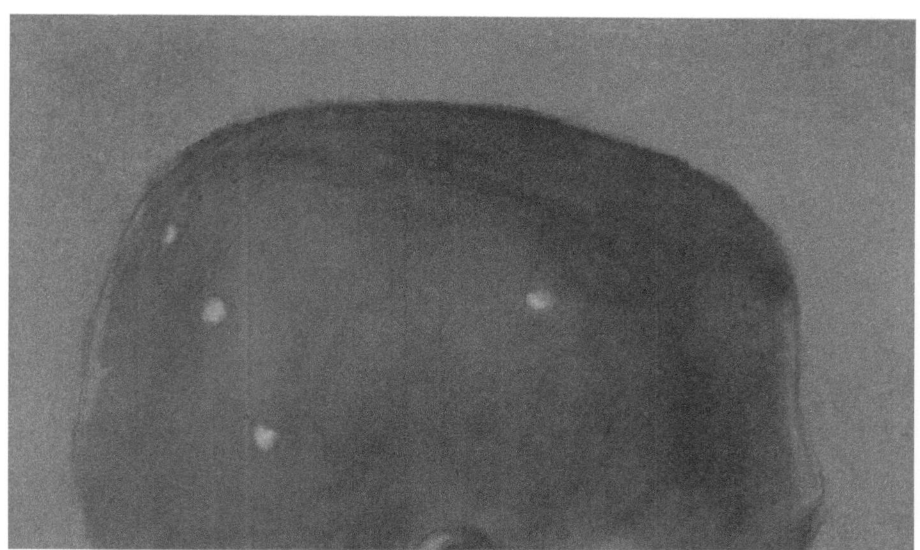

Abb. 29

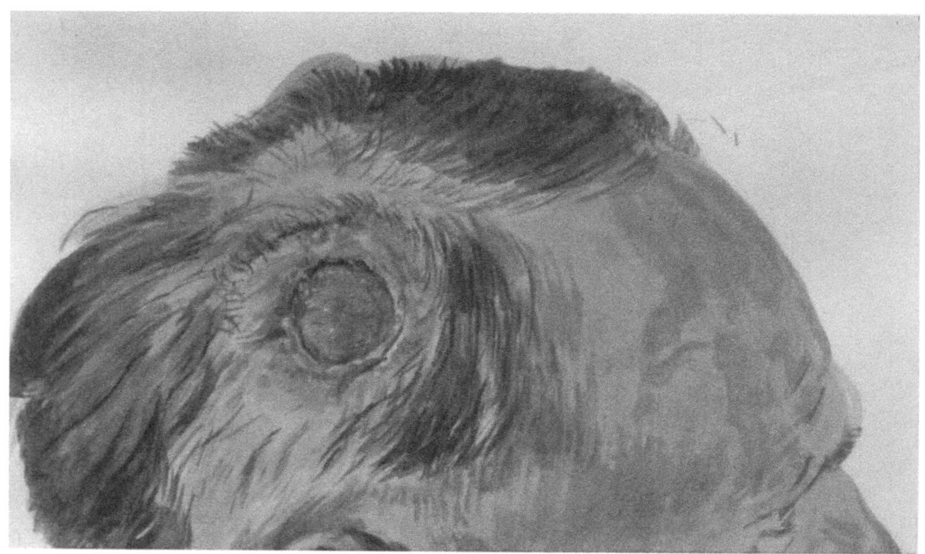

Abb. 30

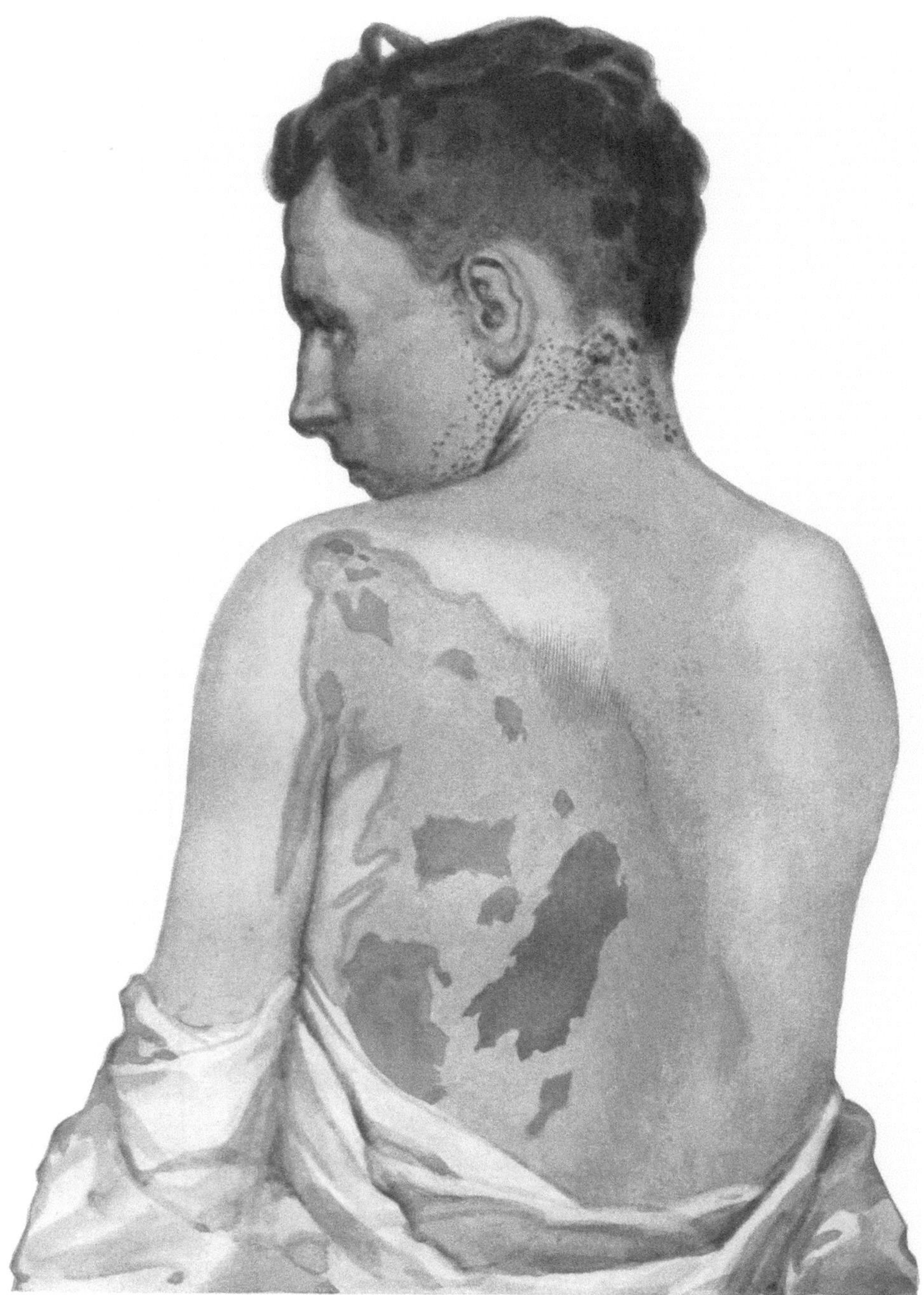

Abb. 31

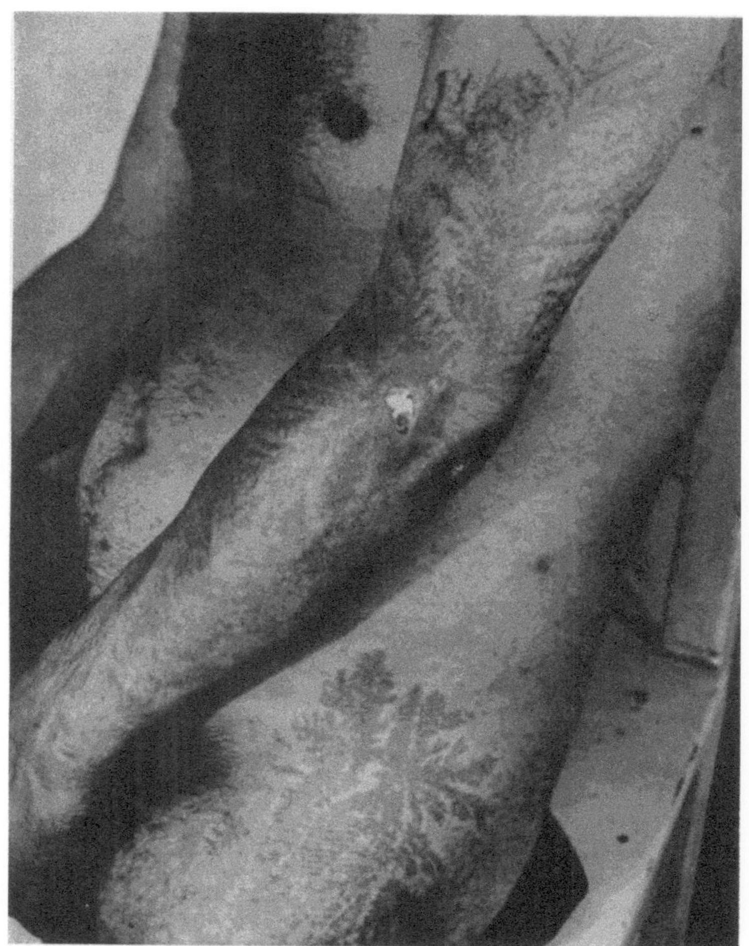

Abb. 32

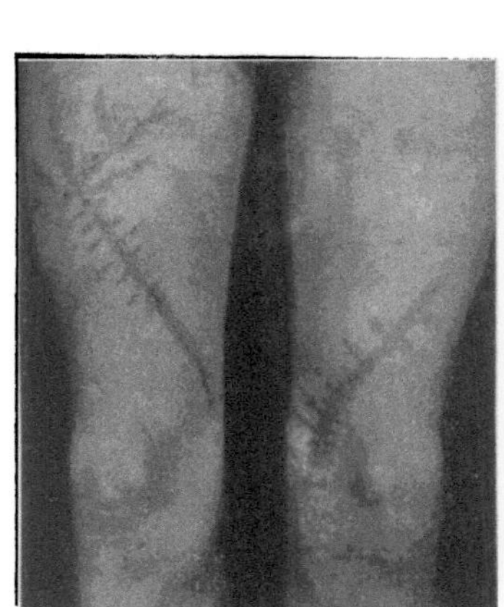

Abb. 1

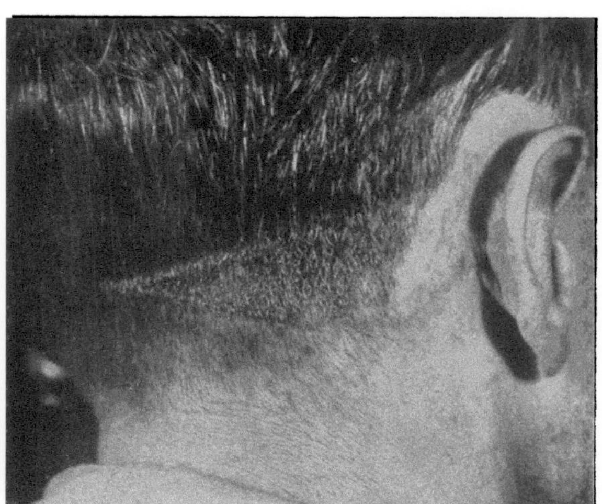

Abb. 2

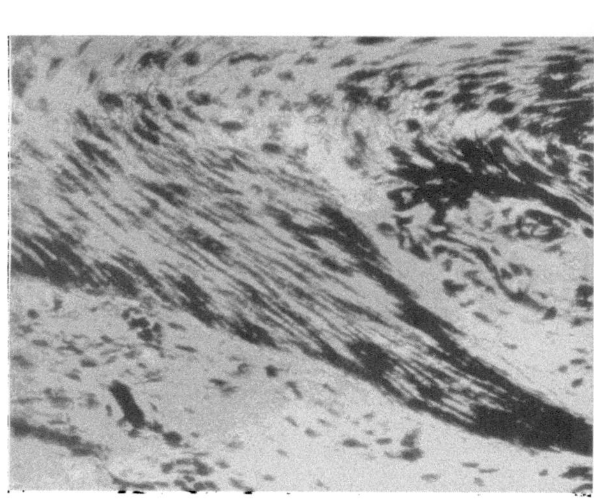

Abb. 3

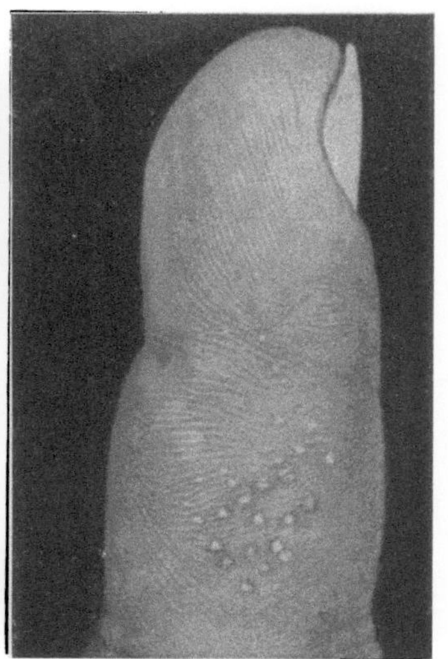

Abb. 4

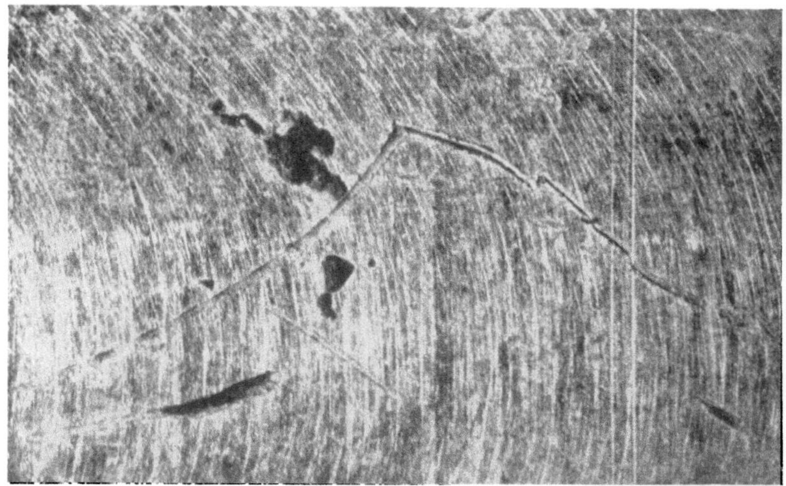

Abb. 5

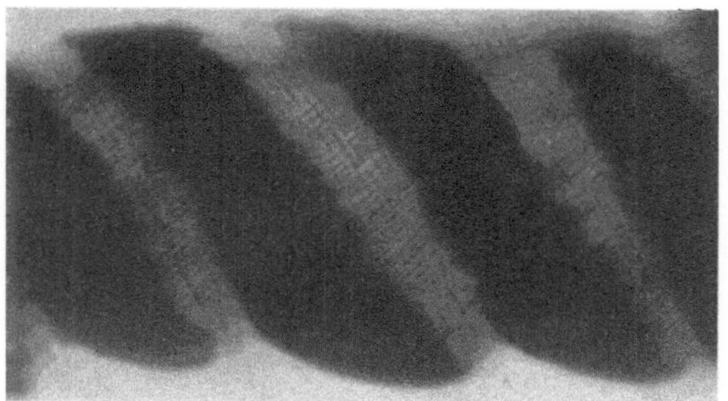

Abb. 6

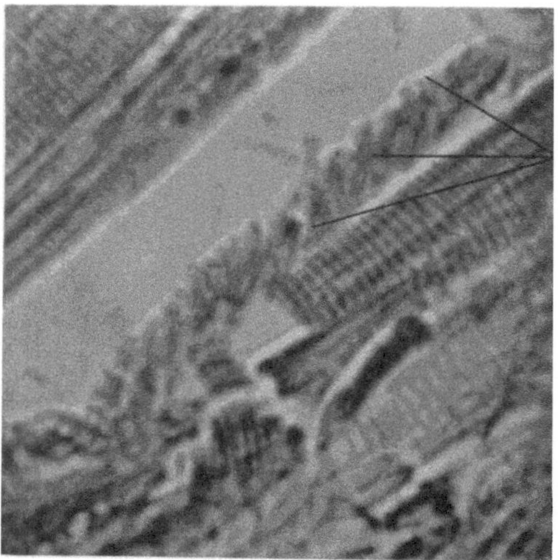

Abb. 7

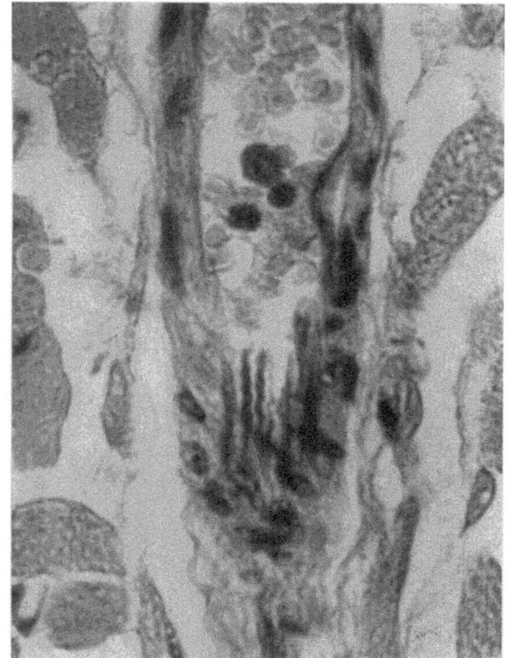

Abb. 8

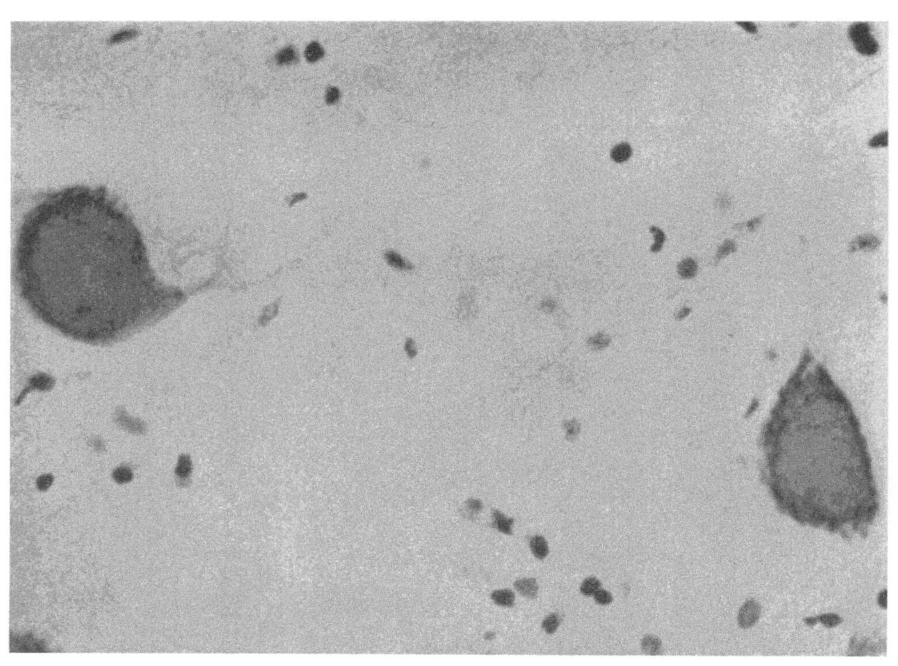

Abb. 9

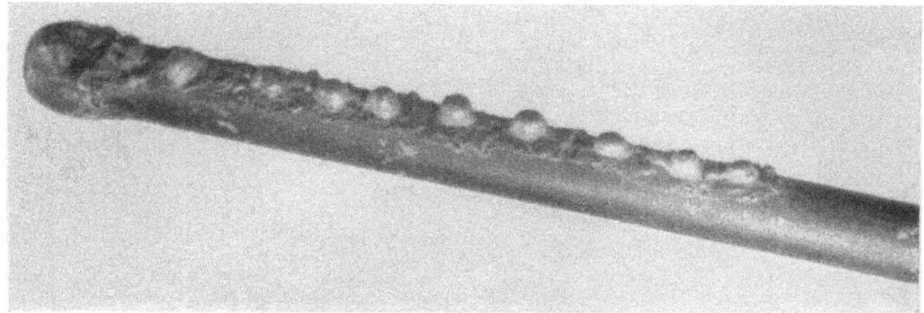

Abb. 10

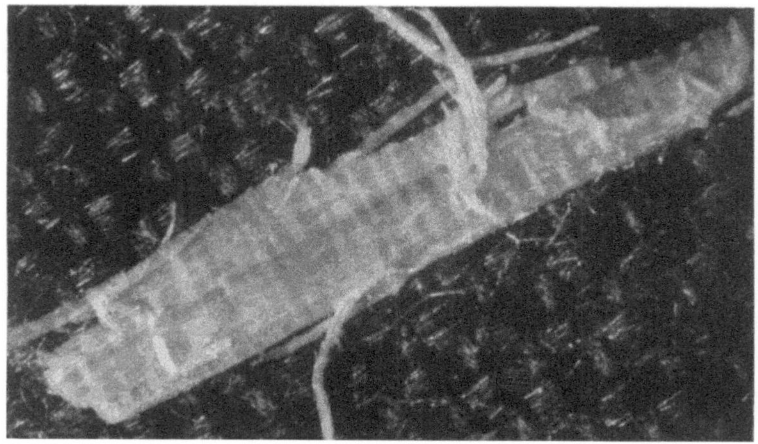

Abb. 11

Abb. 12

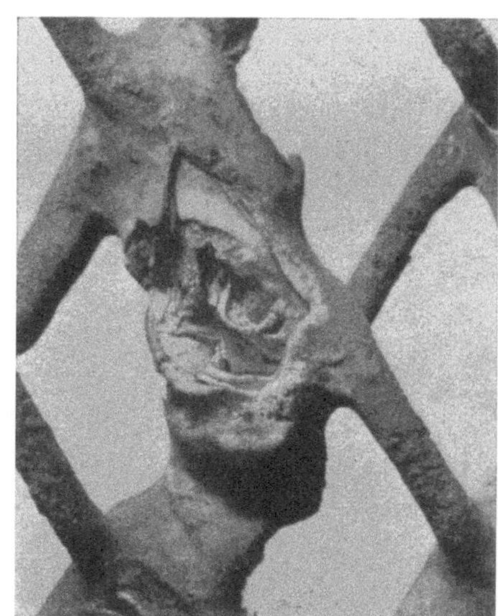

Abb. 13

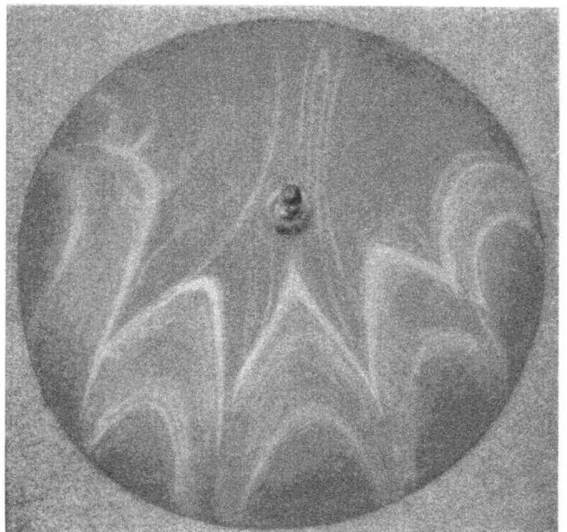

Abb. 14

Abb. 15

Abb. 16

Abb. 17

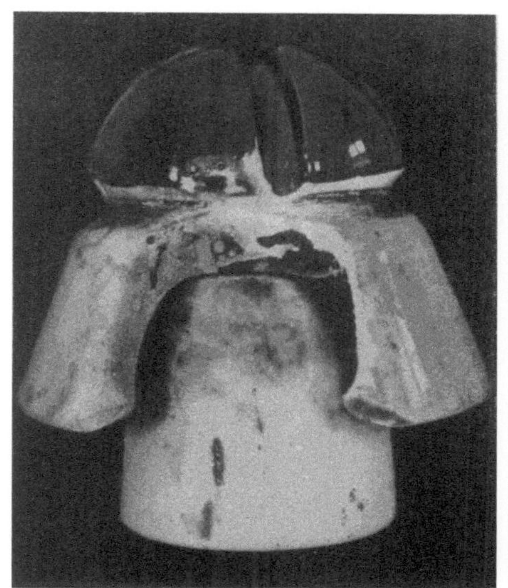

Abb. 18

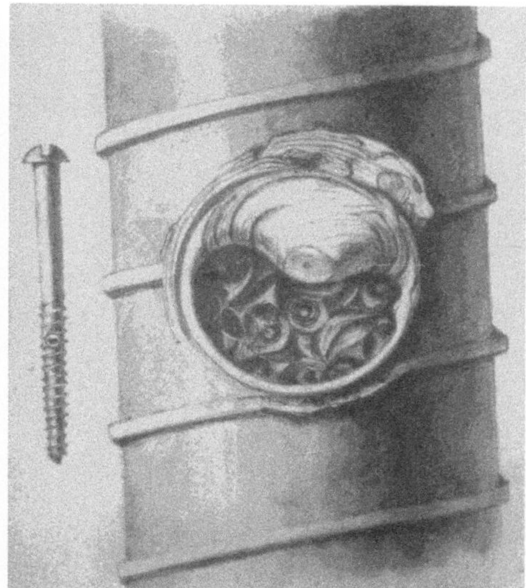

Abb. 19

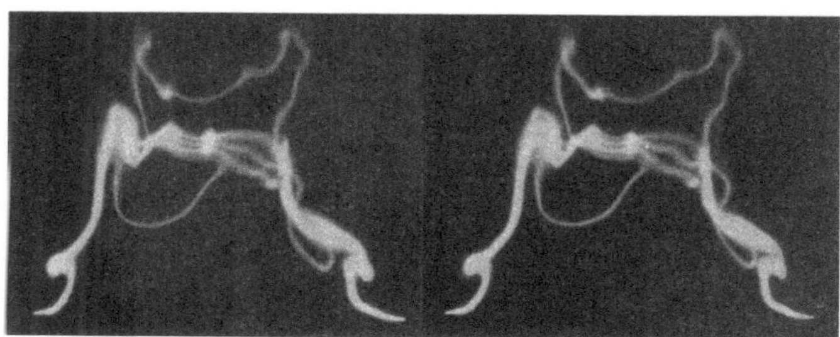

Abb. 21

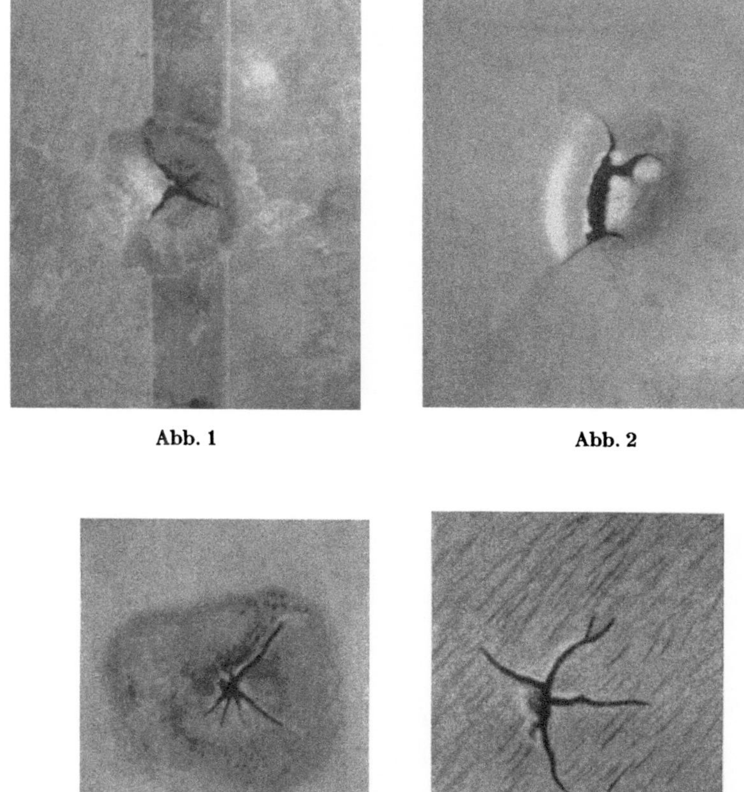

Abb. 1   Abb. 2

Abb. 3   Abb. 4

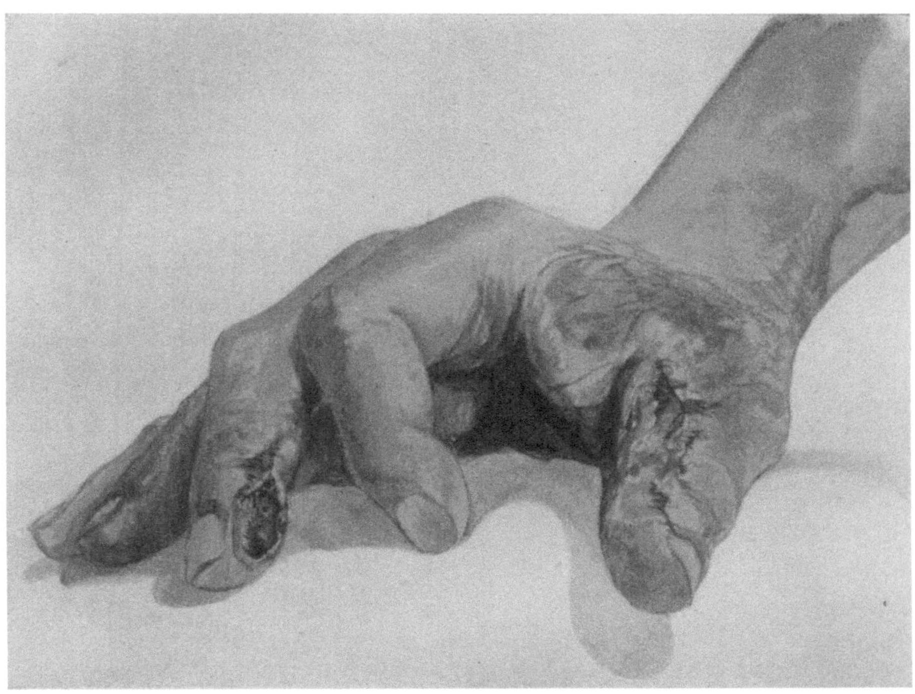

Abb. 5

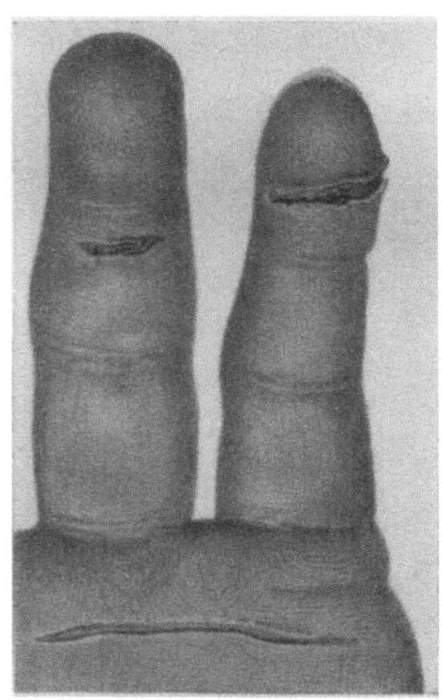

Abb. 6

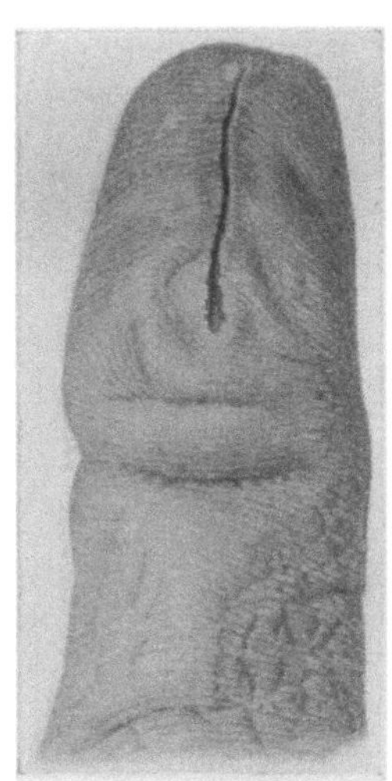

Abb. 7

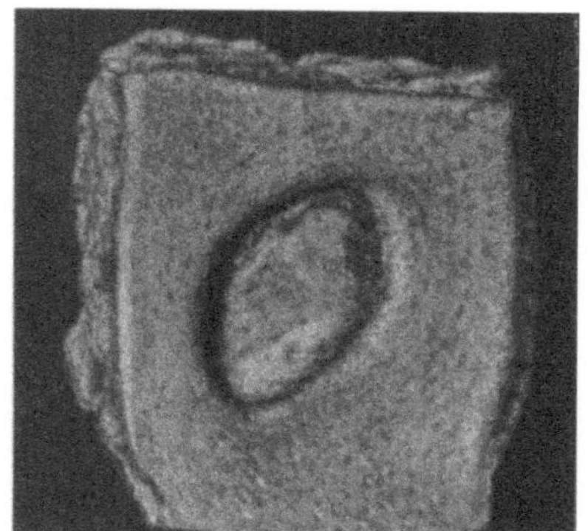

Abb. 8

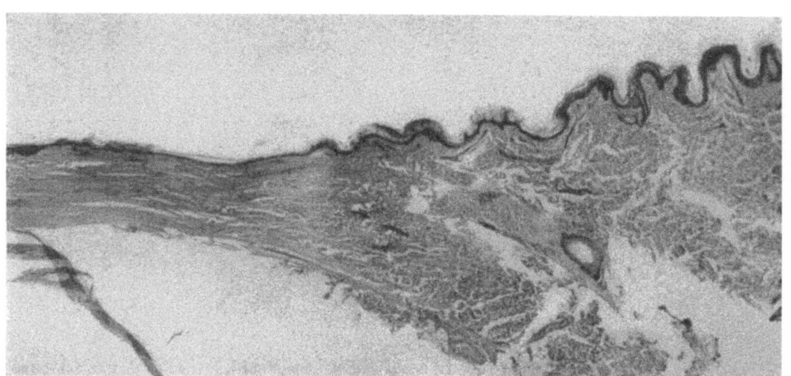

Abb. 9

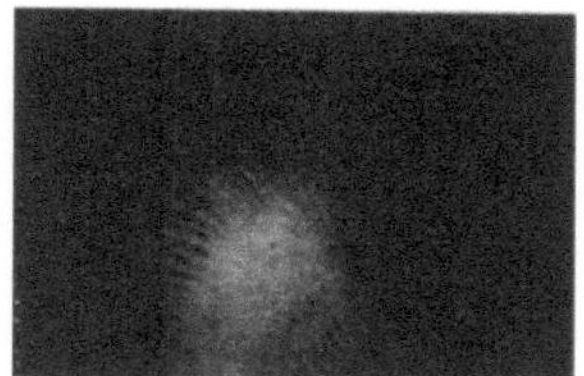

Abb. 10

Abb. 11

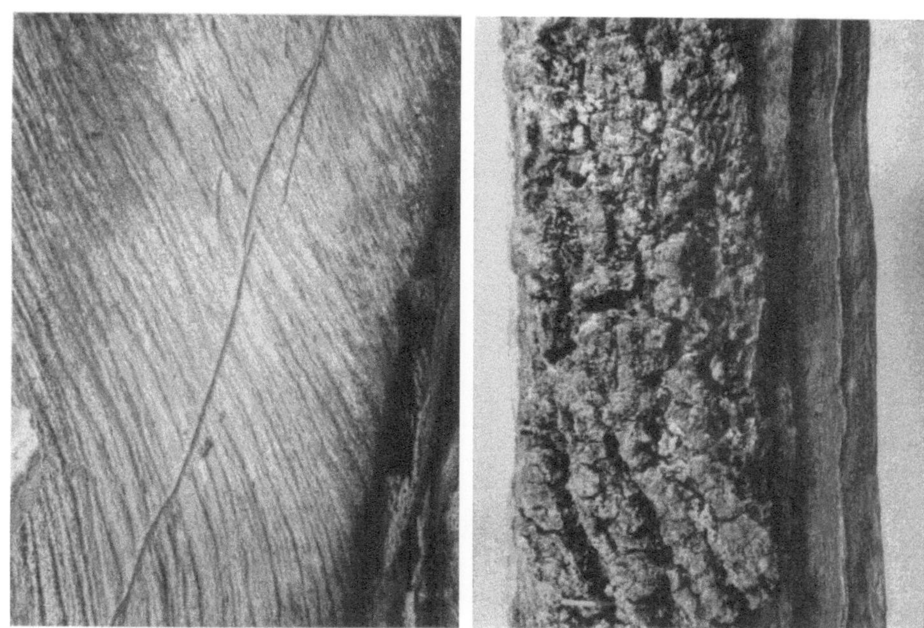

Abb. 12

Abb. 13

Abb. 14

Abb. 15

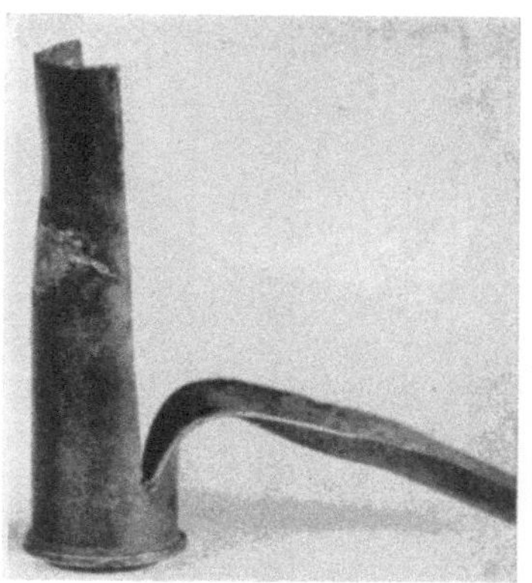

Abb. 16

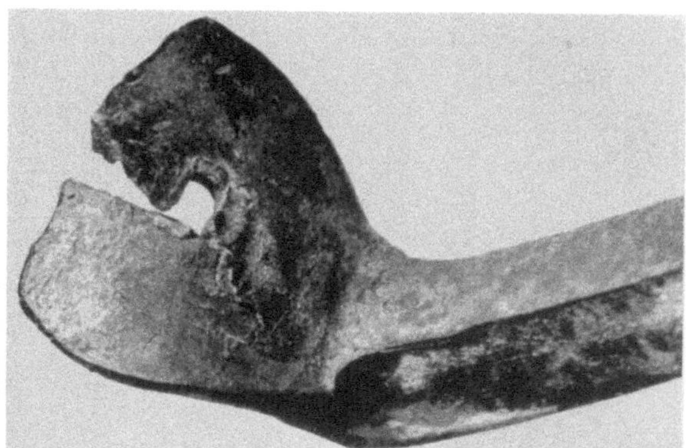

Abb. 17

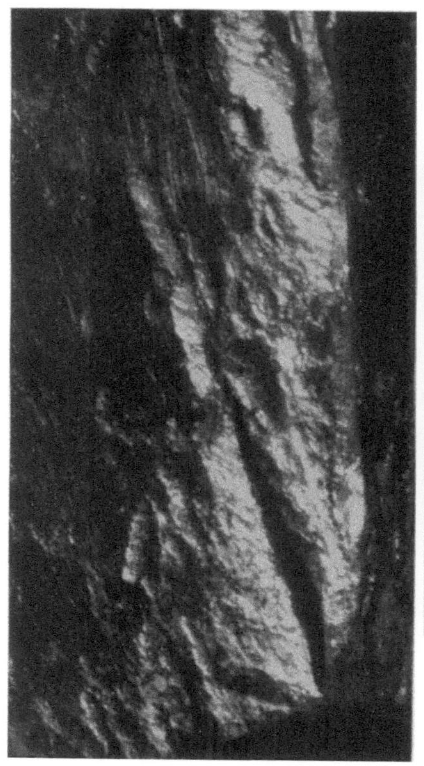

Abb. 18

Abb. 19

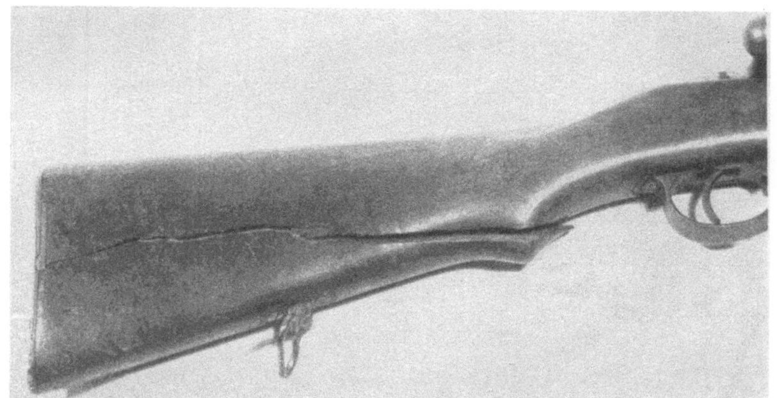

Abb. 20

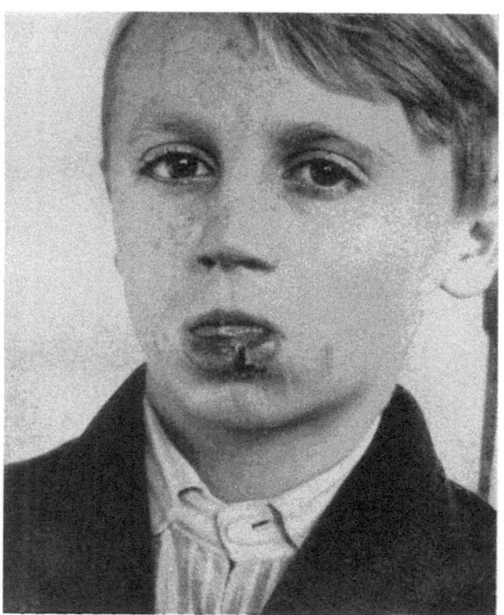

Abb. 21

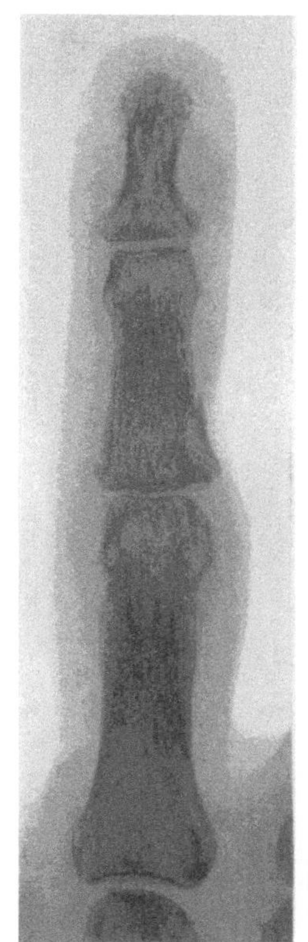

Abb. 22

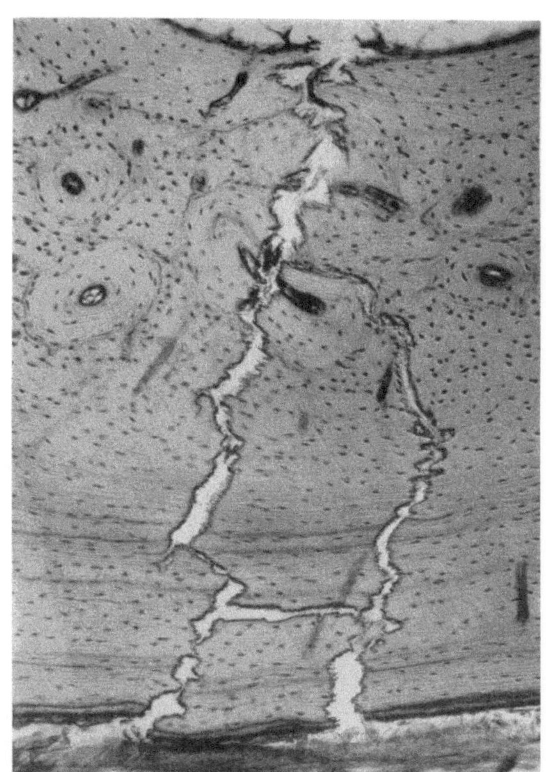

Abb. 23

Abb. 24

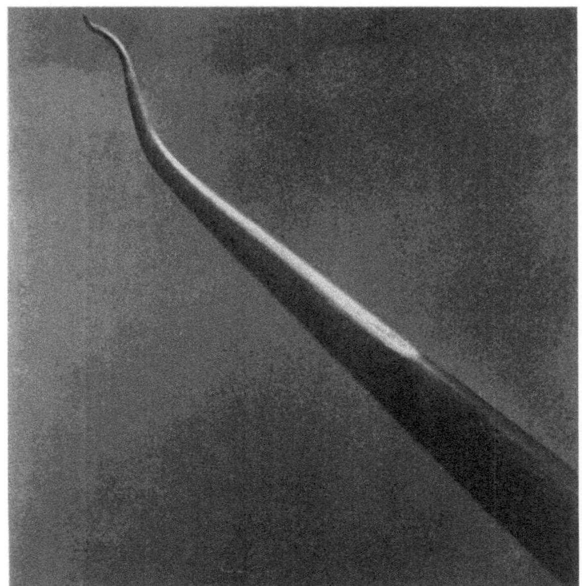

Abb. 25

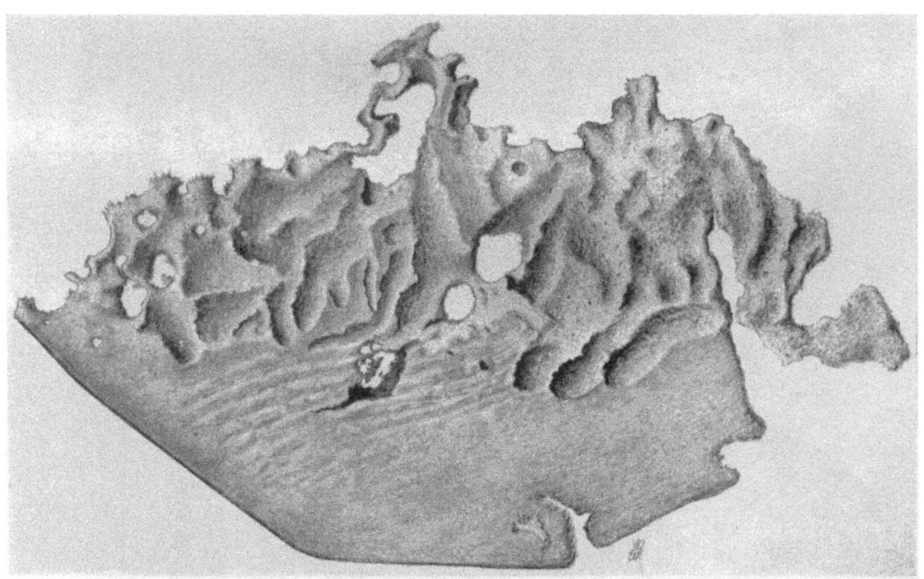

Abb. 26

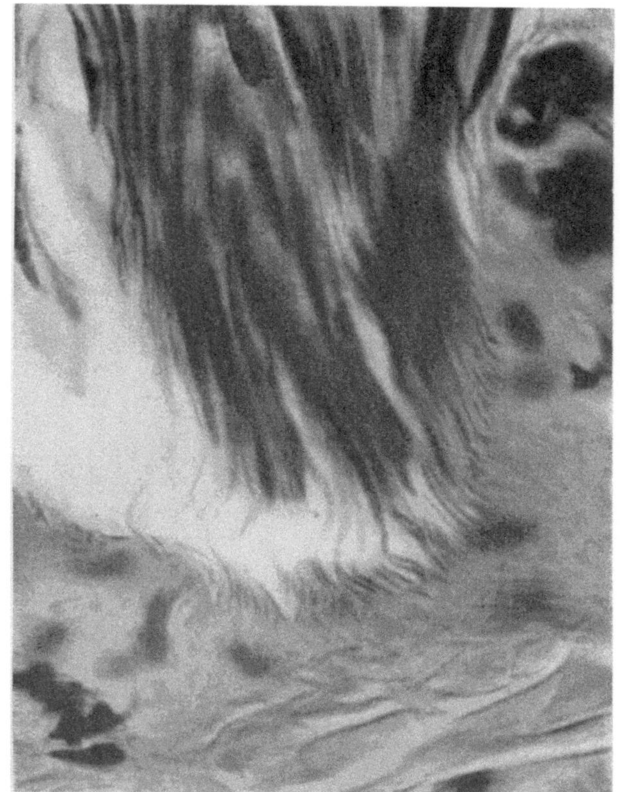

Abb. 27

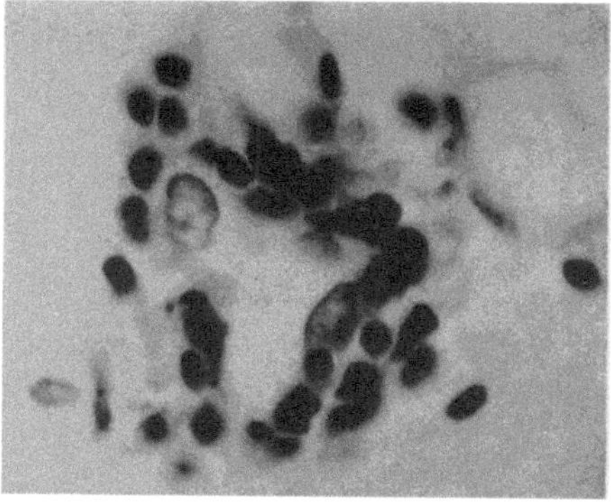

Abb. 28

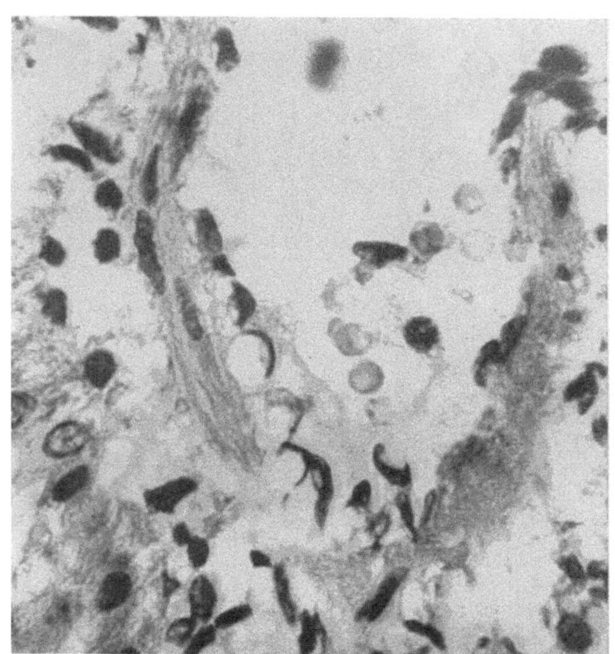

Abb. 29

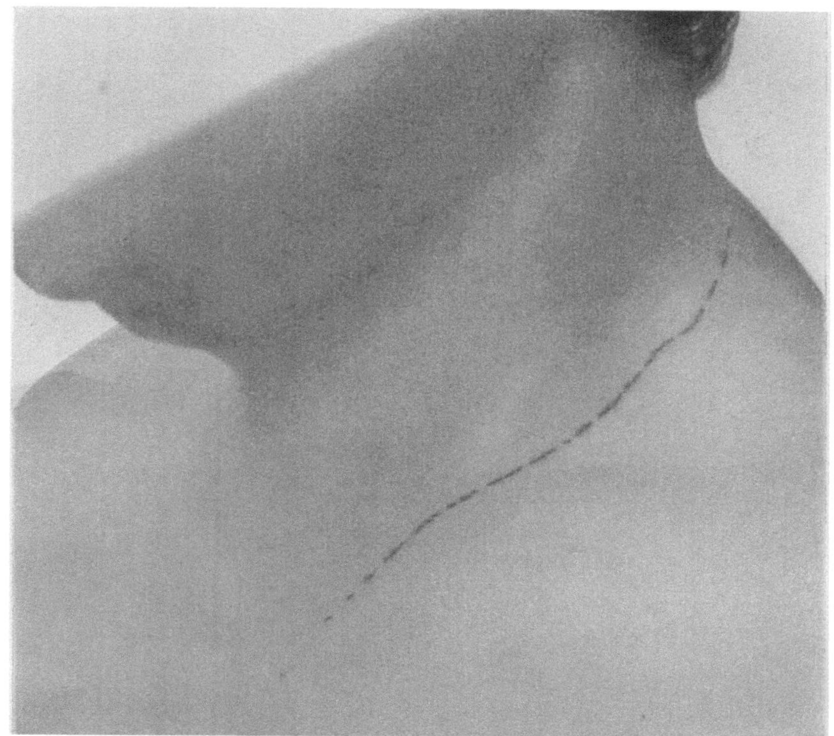

Abb. 30

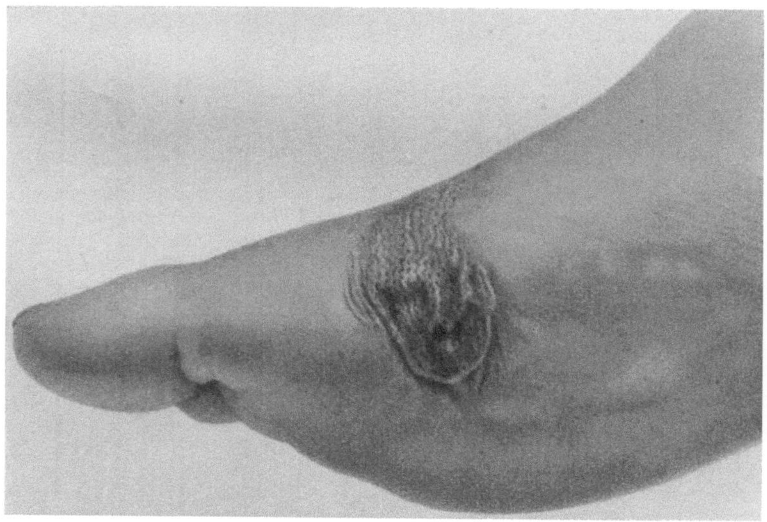

Abb. 31

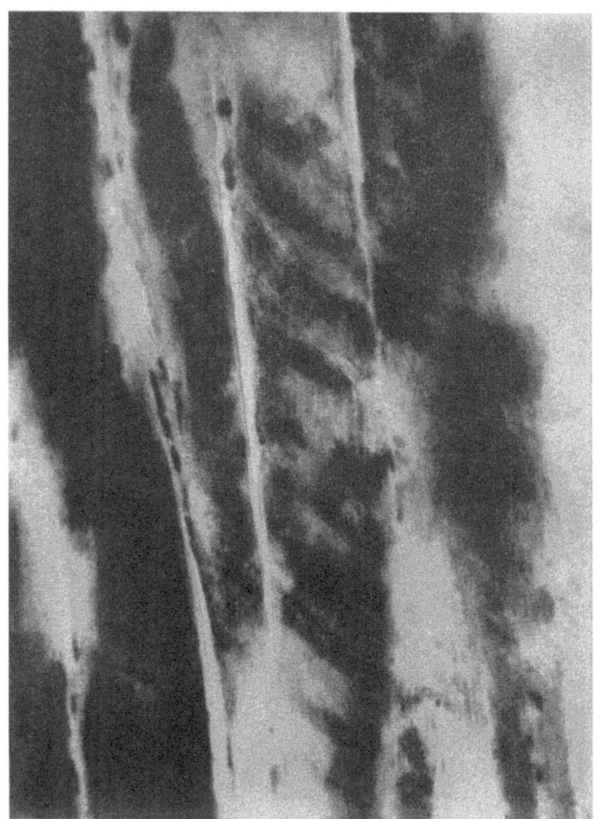

Abb. 32

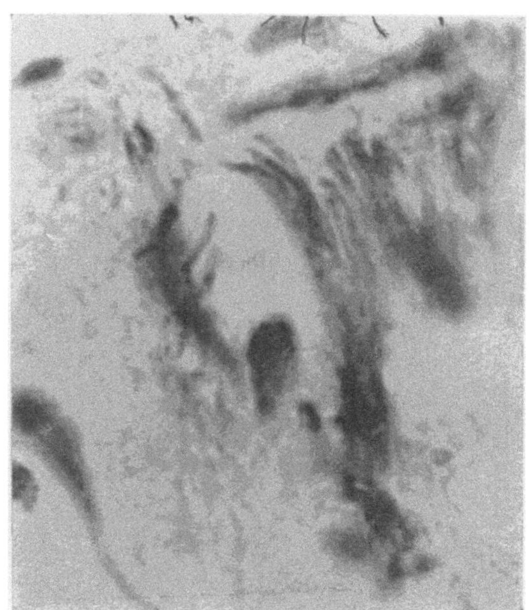

Abb. 33 a   Abb. 33 b

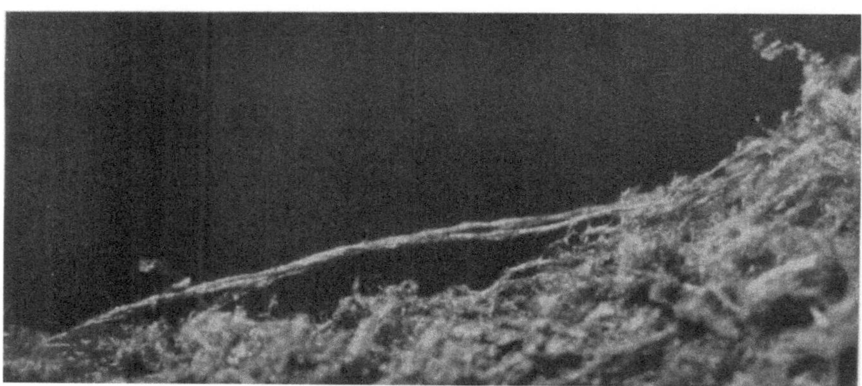

Abb. 34

Abb. 35

Abb. 36

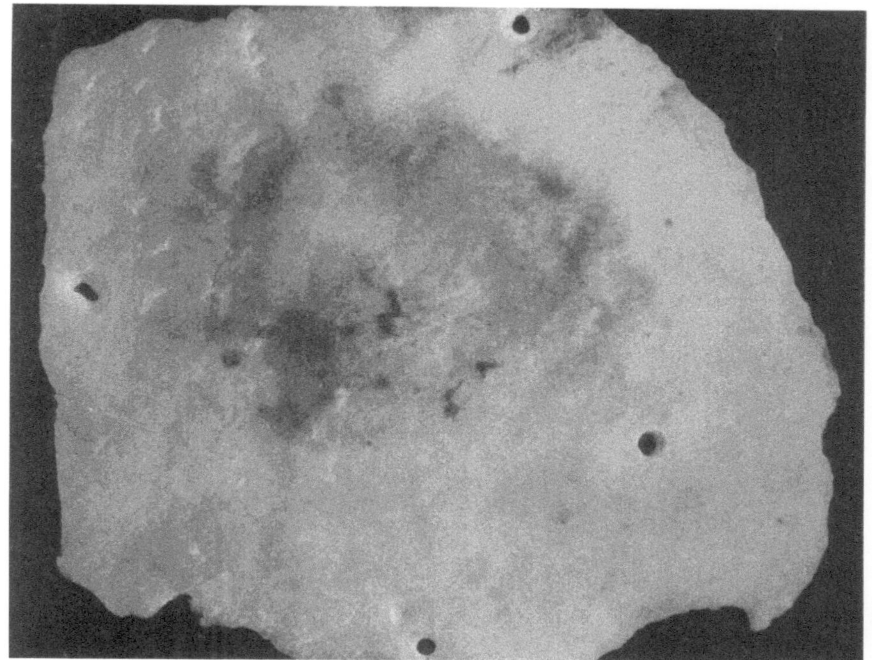

Abb. 37 a

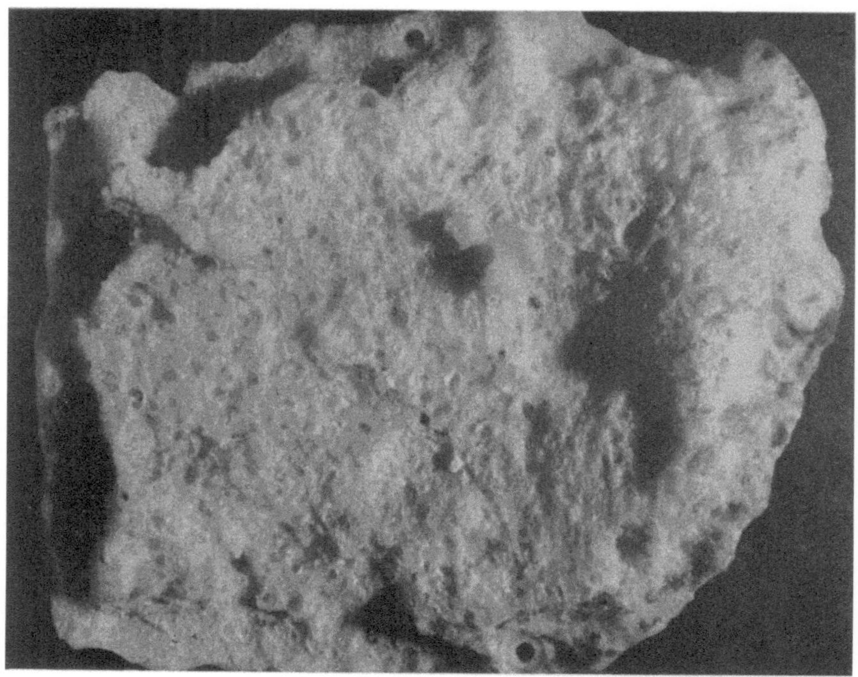

Abb. 37 b

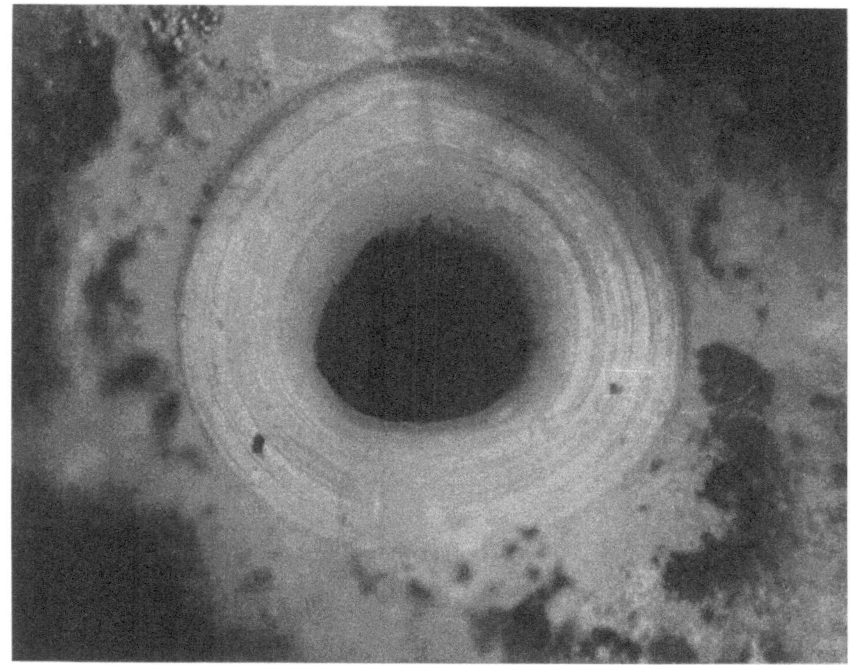

Abb. 37 c

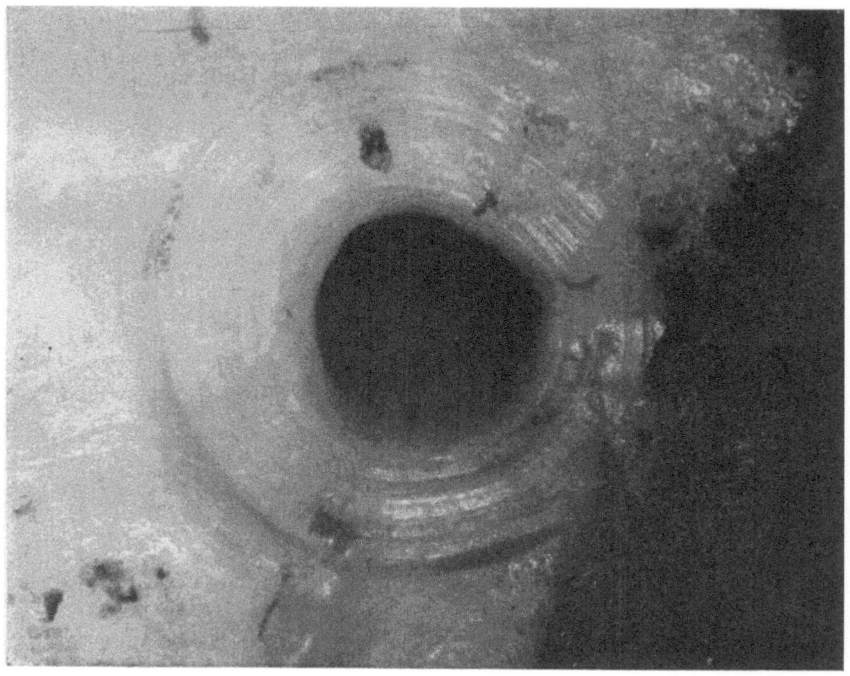

Abb. 37 d

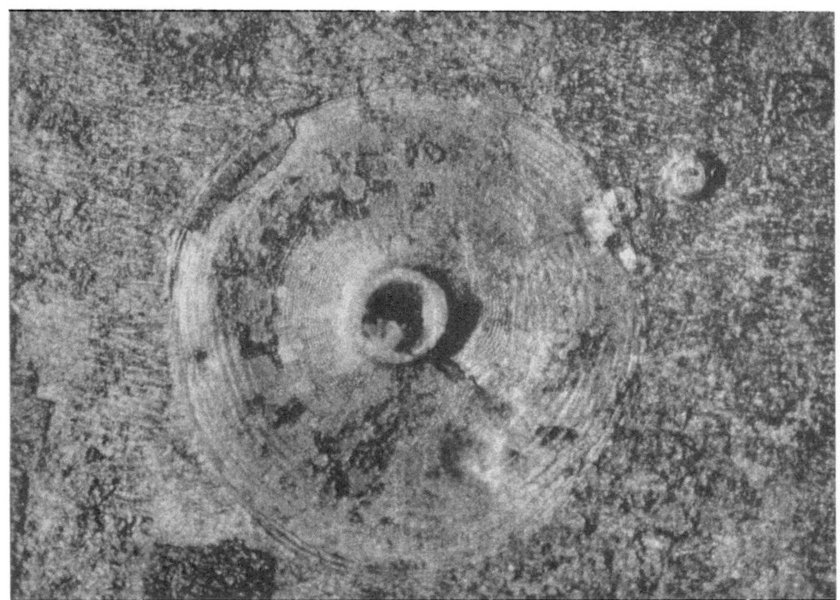

Abb. 38 a

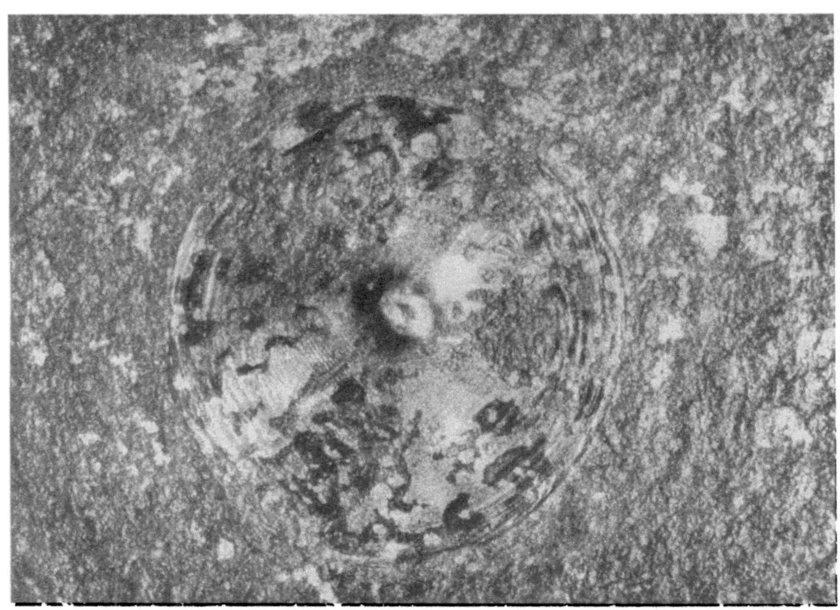

Abb. 38 b

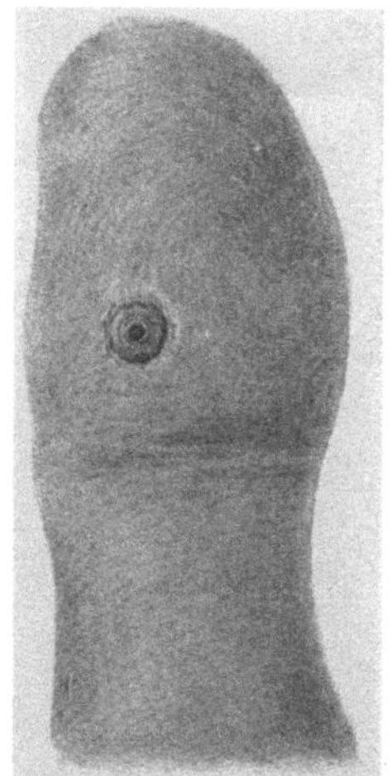

Abb. 39

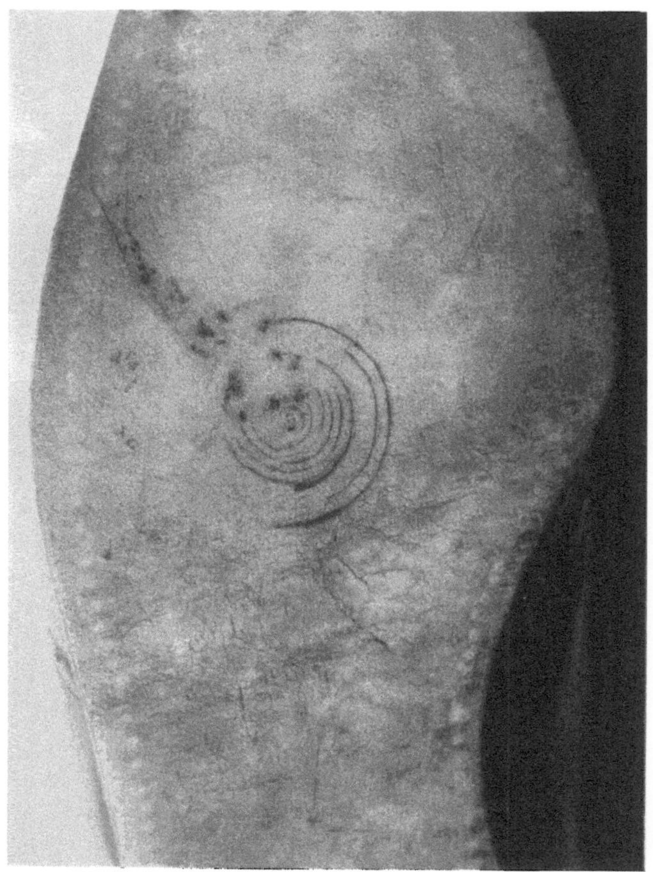

Abb. 40

Abb. 41

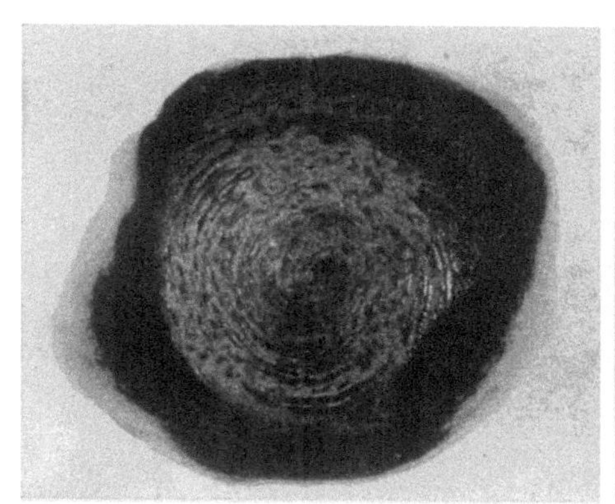

Abb. 42

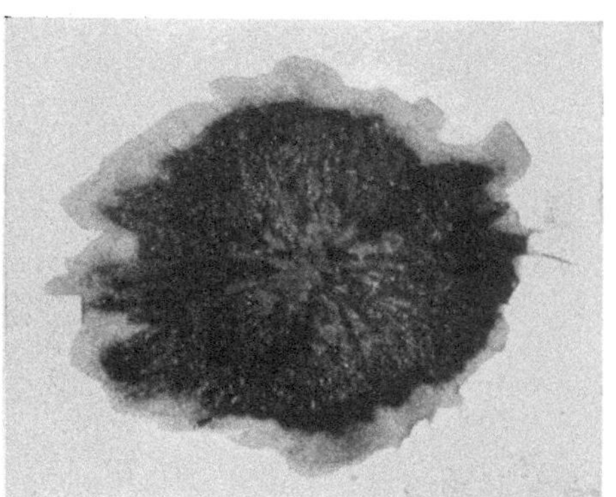

Abb. 43

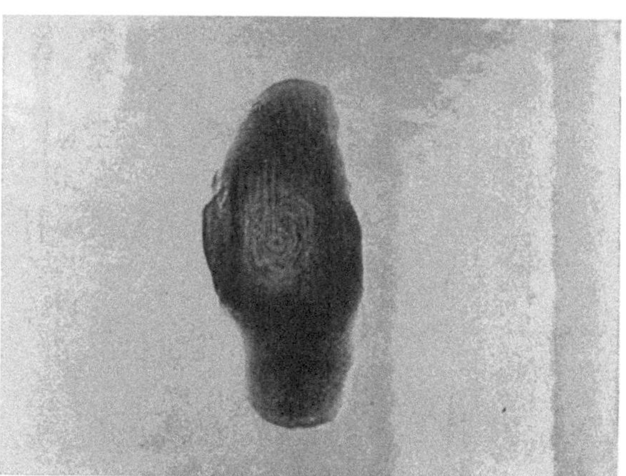

Abb. 44

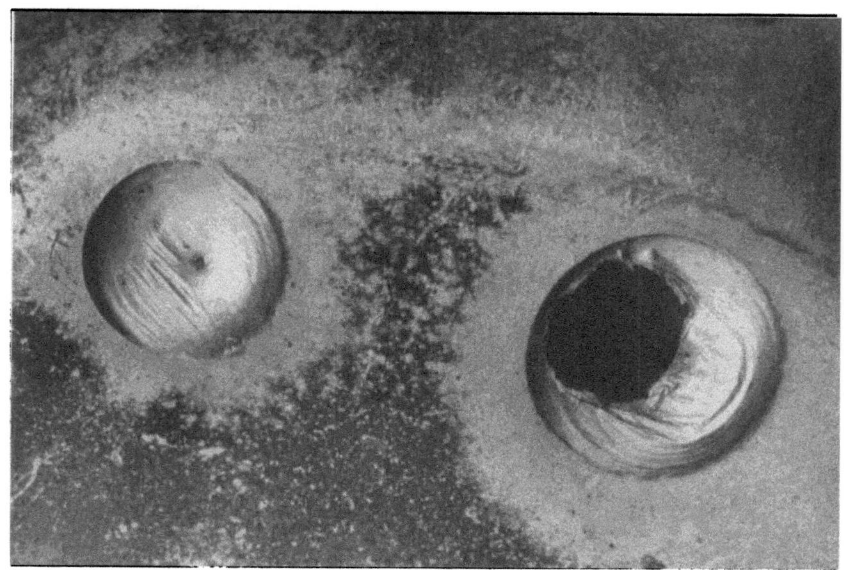

Abb. 45

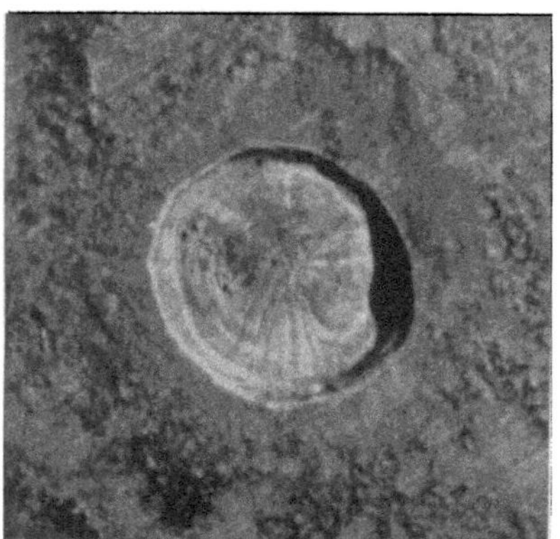

Abb. 46

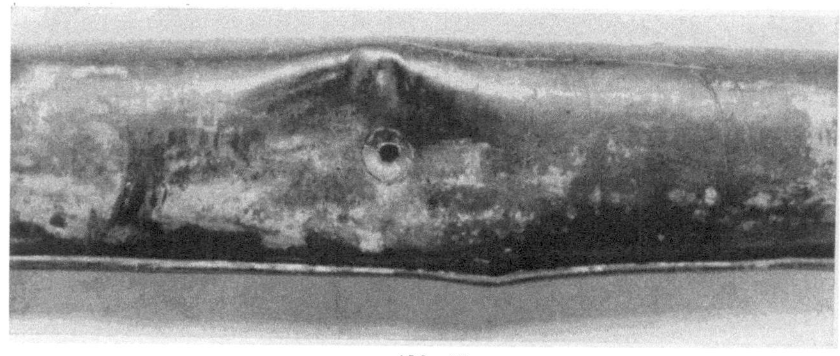

Abb. 47

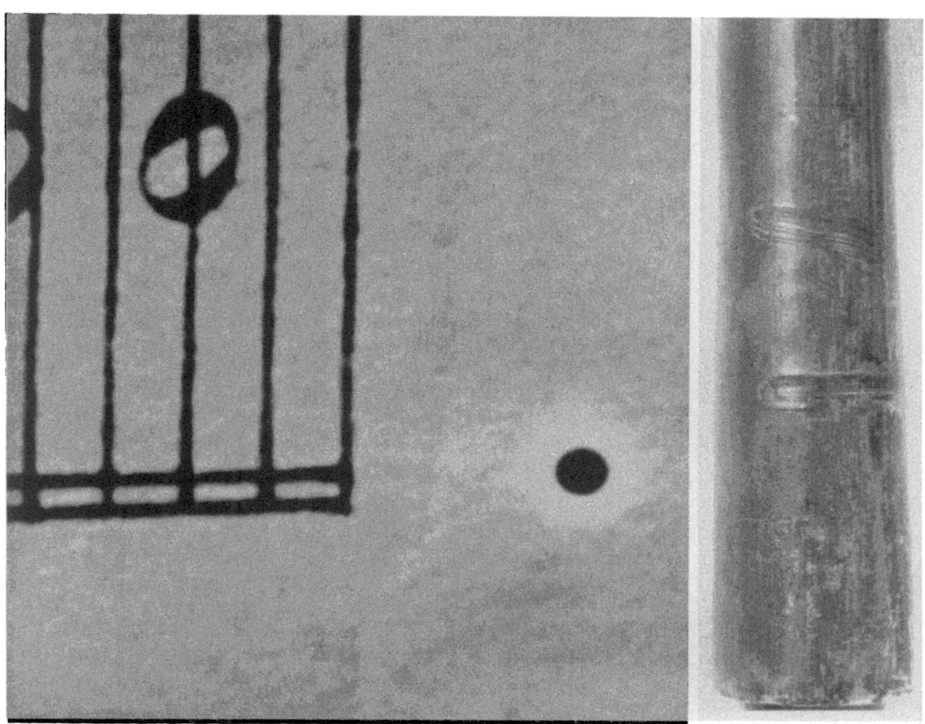

Abb. 48   Abb. 49

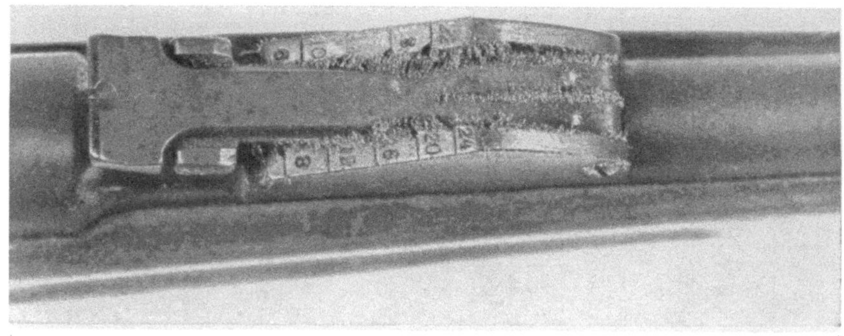

Abb. 50

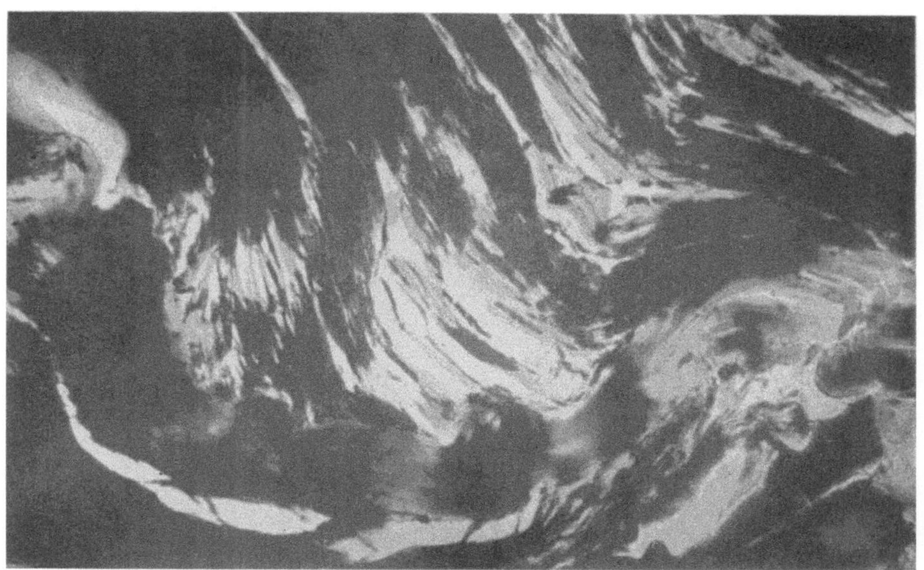

Abb. 51

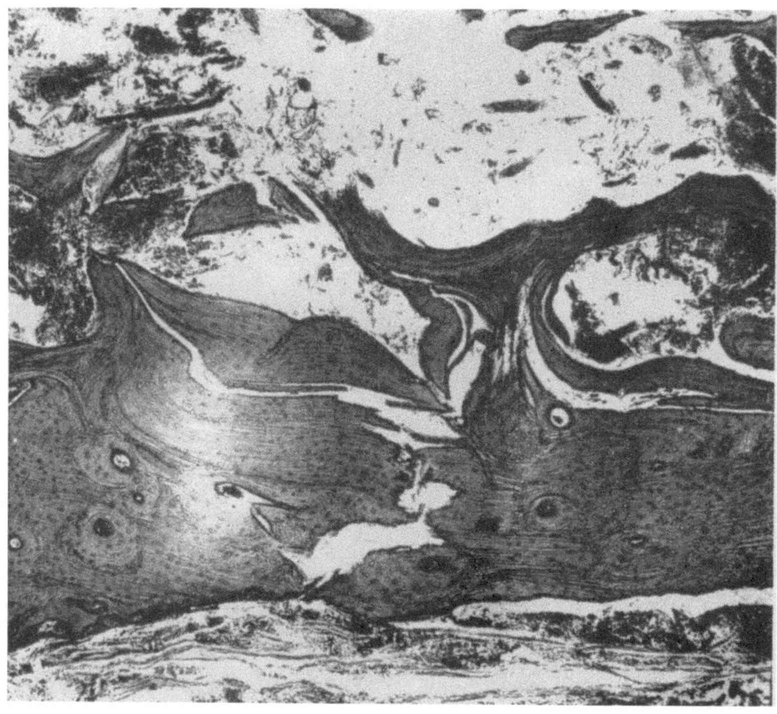

Abb. 52

Abb. 53

Abb. 54

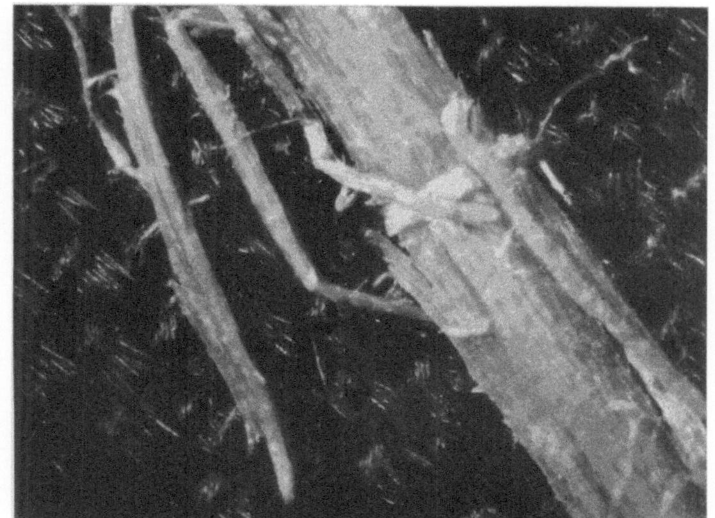

Abb. 55

Abb. 56

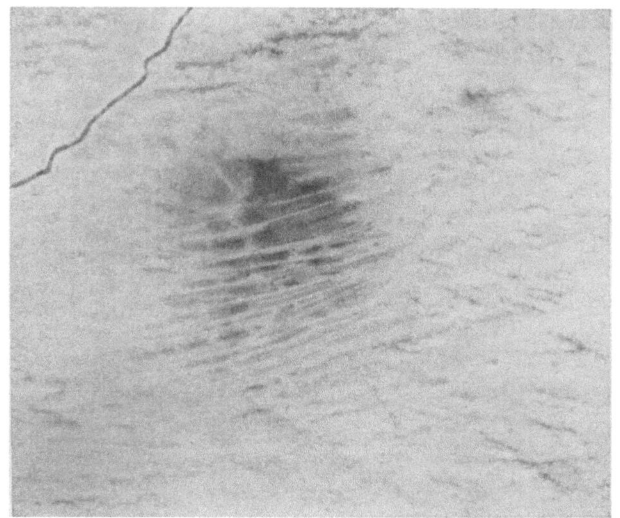

Abb. 1

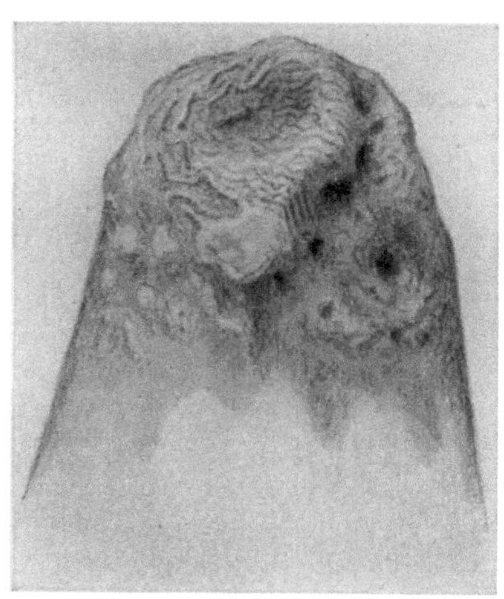

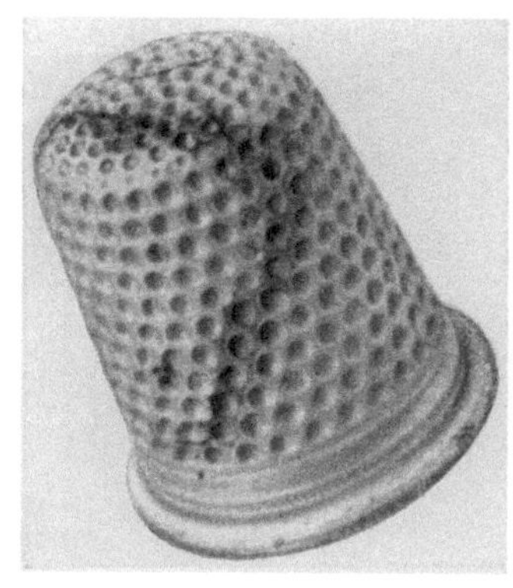

Abb. 2

Abb. 3

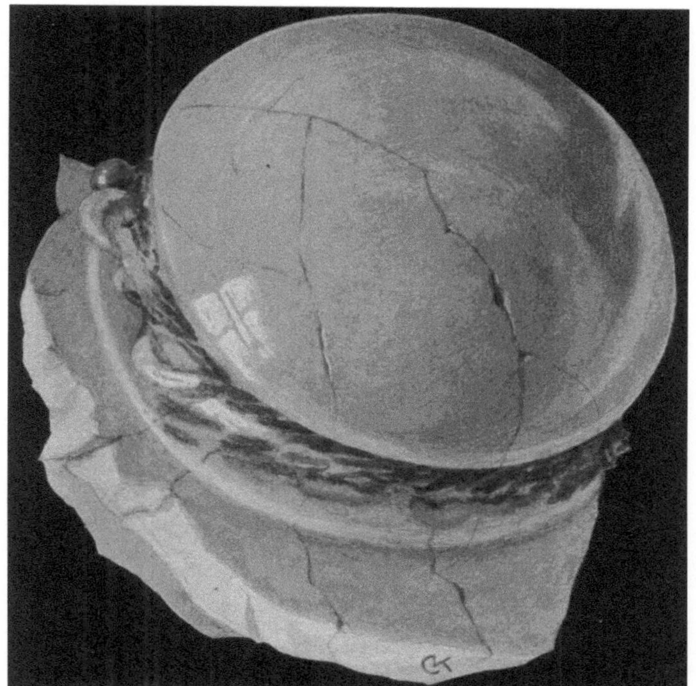

Abb. 4

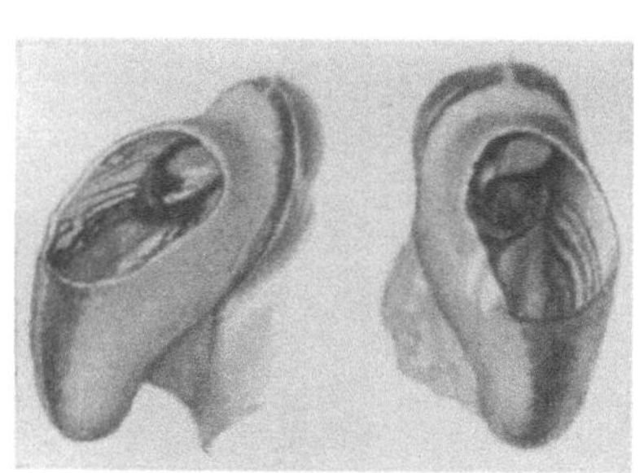

Abb. 5

Abb. 6

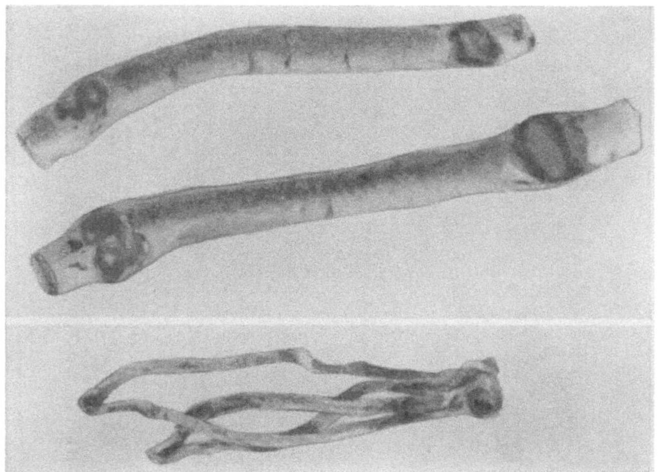

Abb. 7

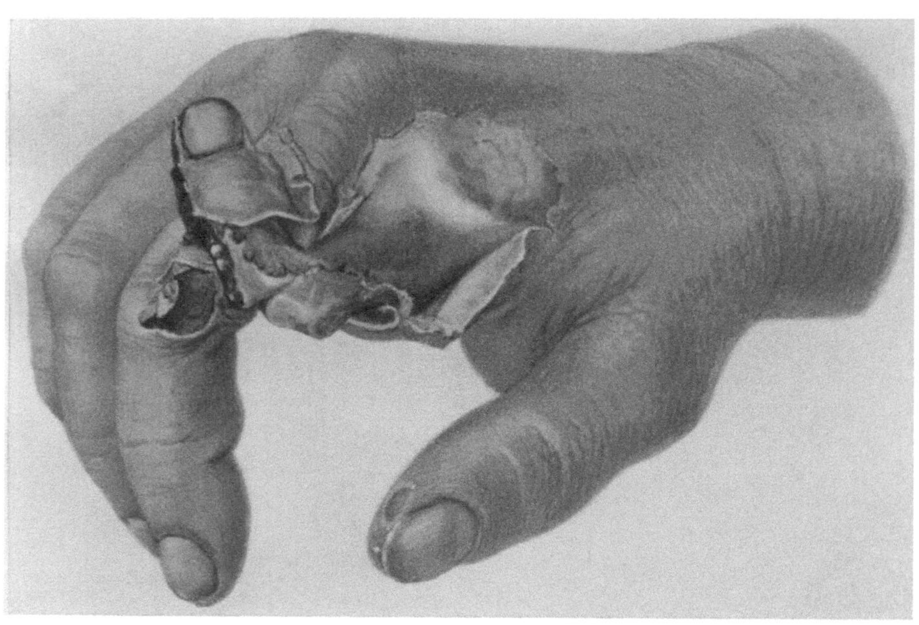

Abb. 8

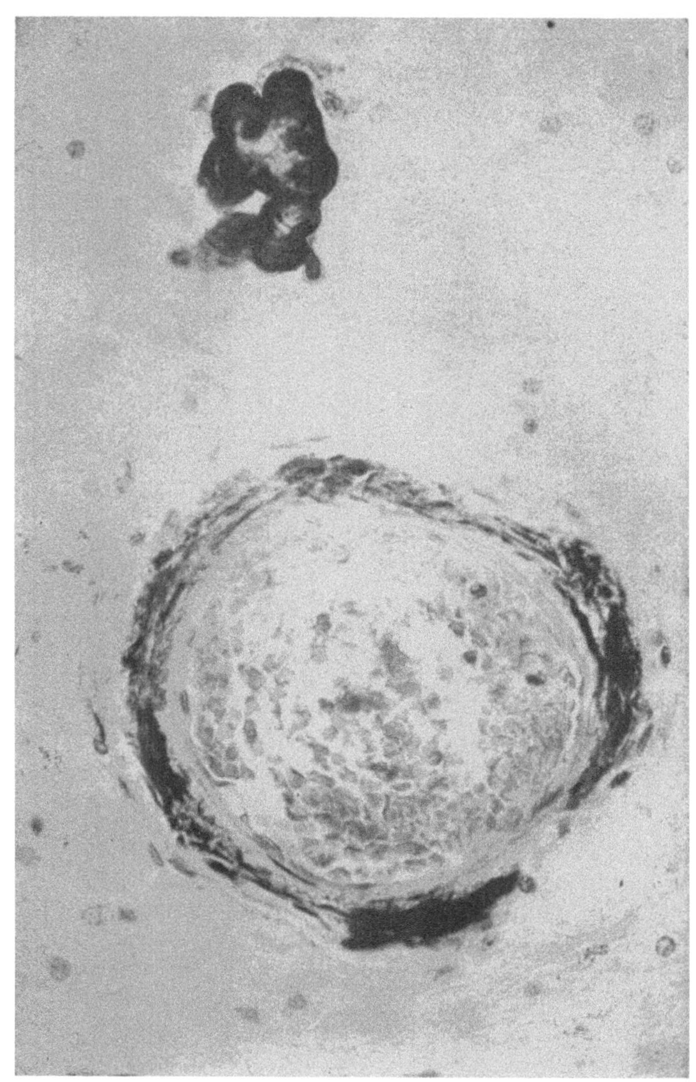

Abb. 9

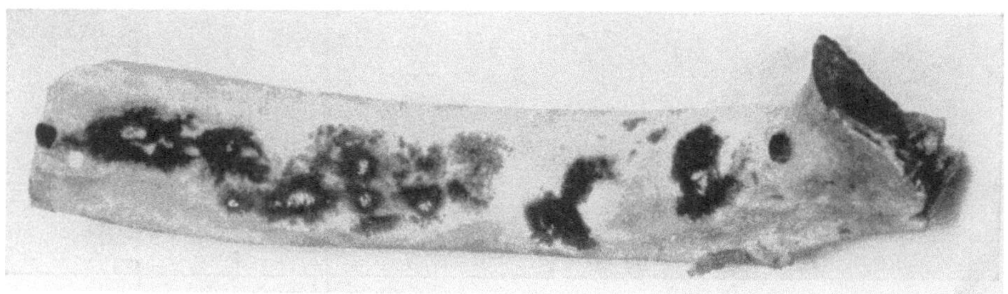

Abb. 10

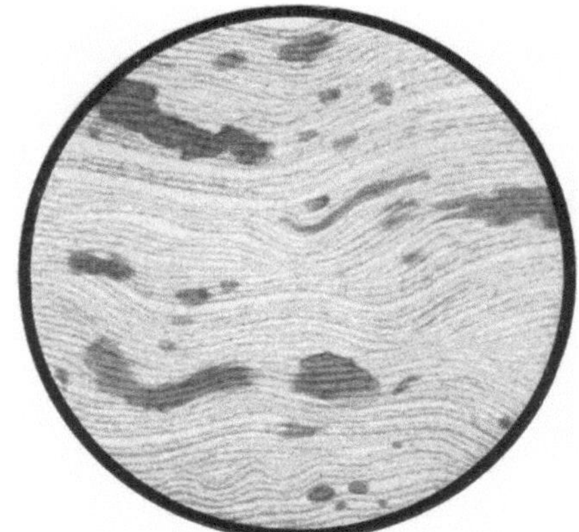

Abb. 11

Abb. 12

Abb. 13

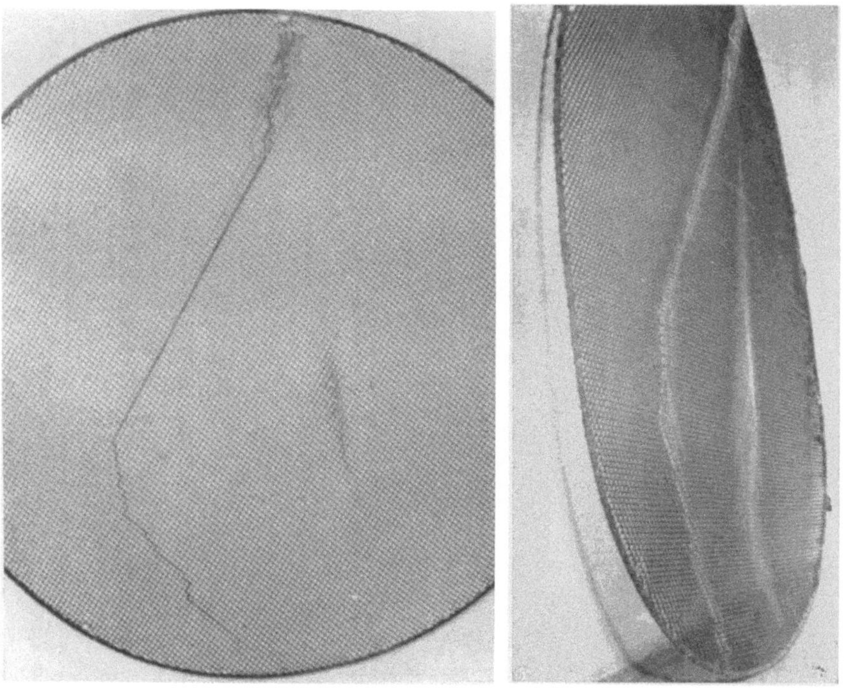

Abb. 14   Abb. 15

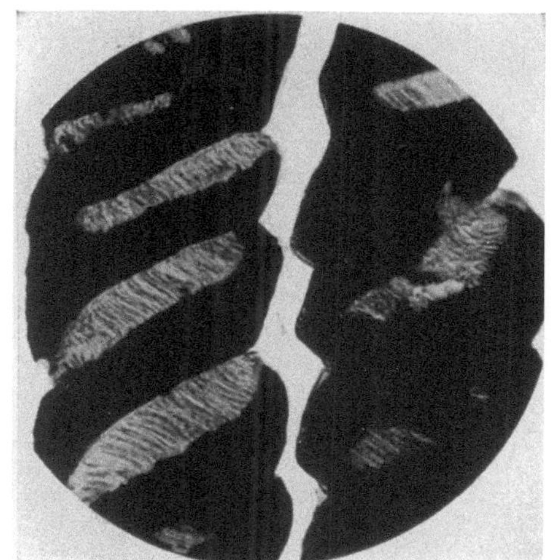

Abb. 1

Abb. 2

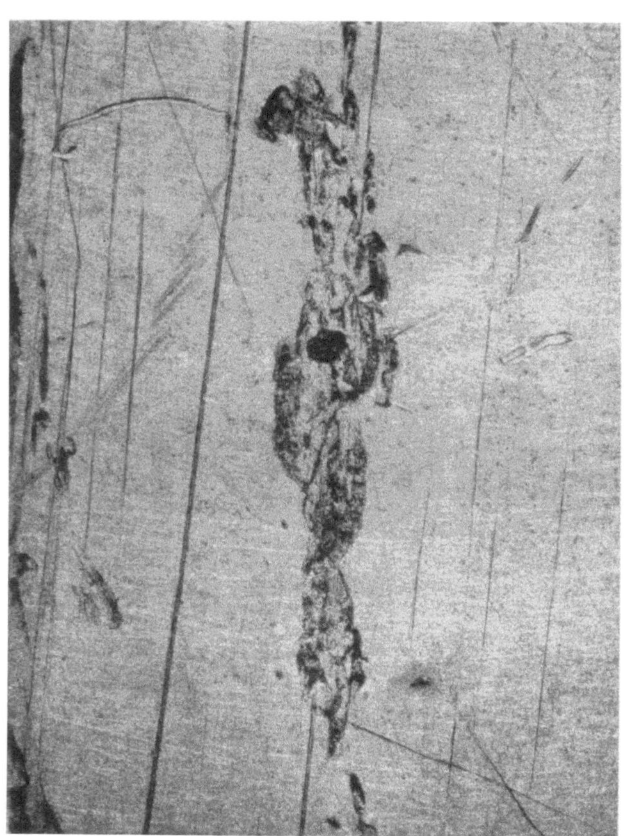

Abb. 3

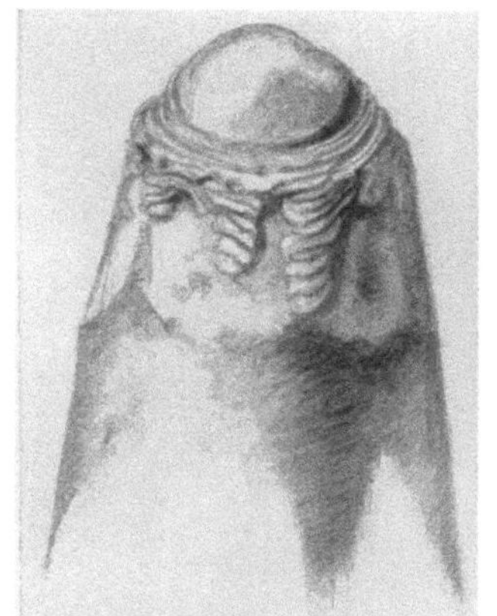 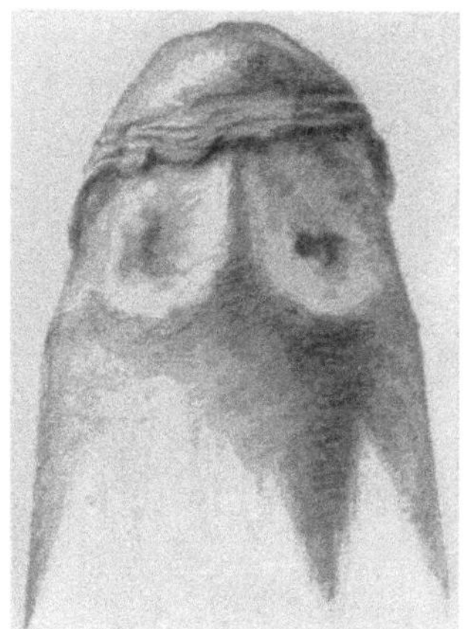

Abb. 4 a   Abb. 4 b

Abb. 5 a   Abb. 5 b

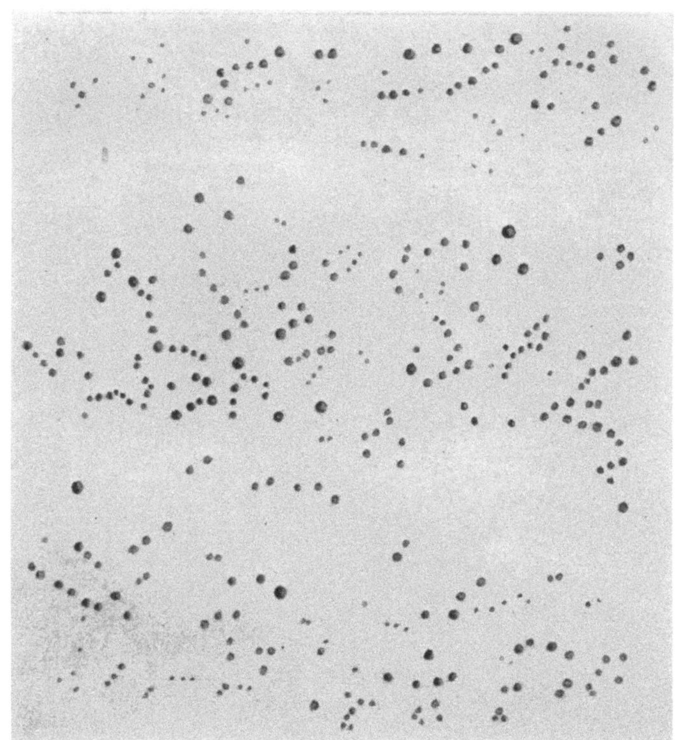

Abb. 6

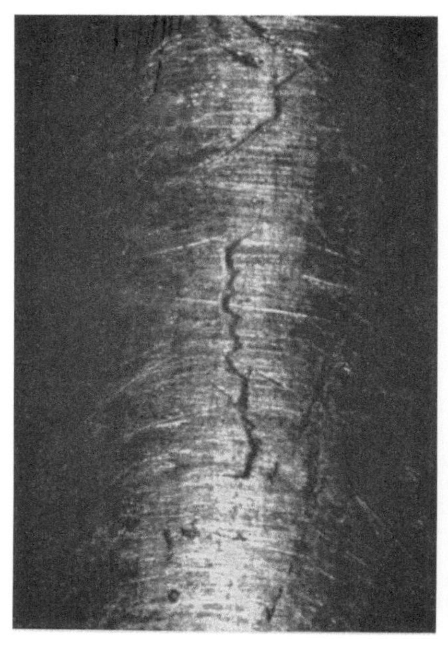

Abb. 7

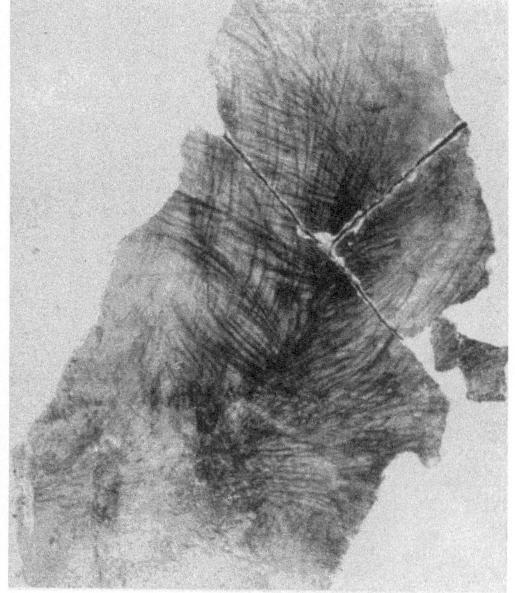

Abb. 8

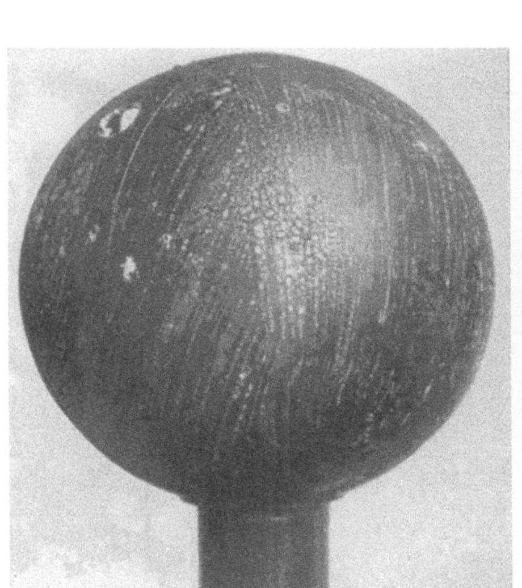

Abb. 9

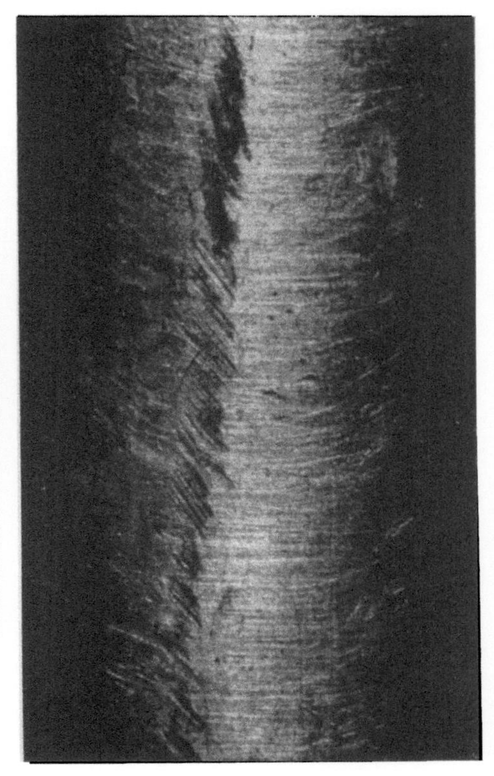

Abb. 10

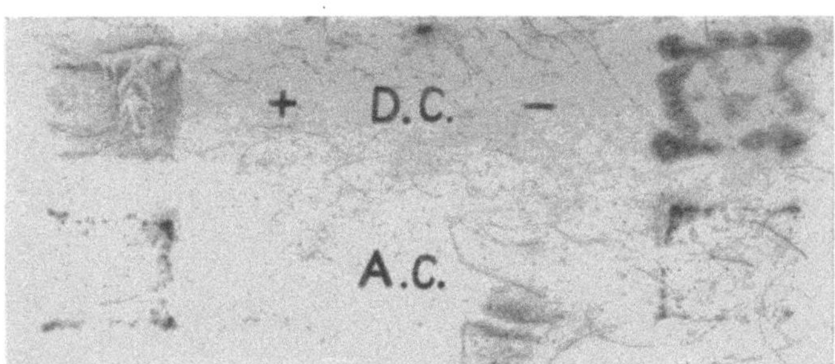

Abb. 11

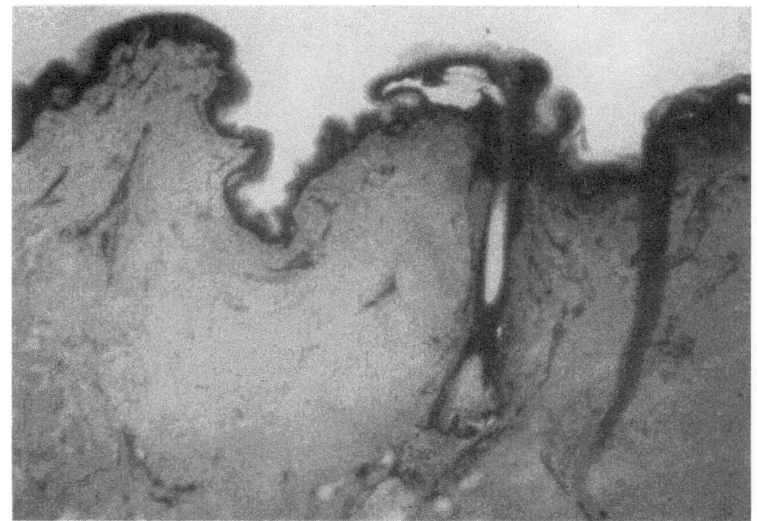

Abb. 12

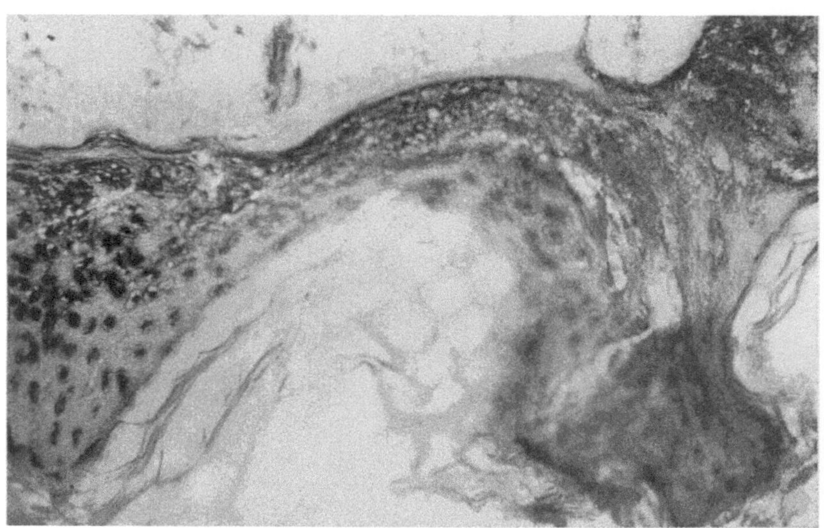

Abb. 13

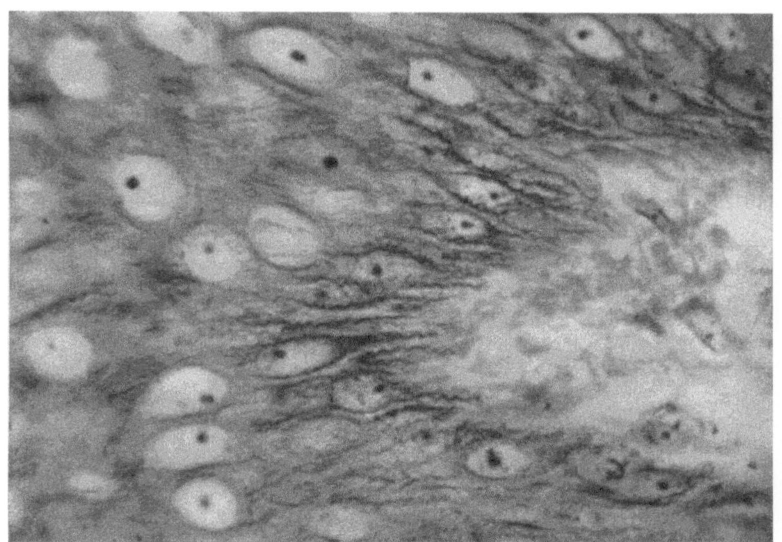

Abb. 14

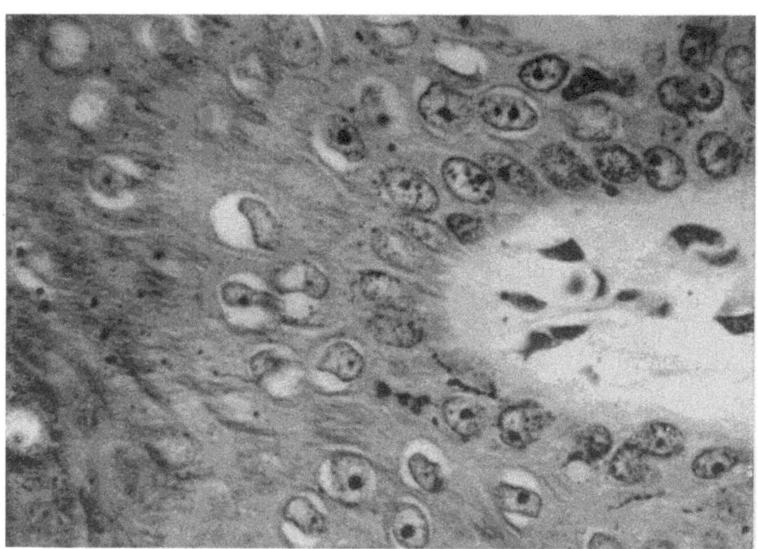

Abb. 15

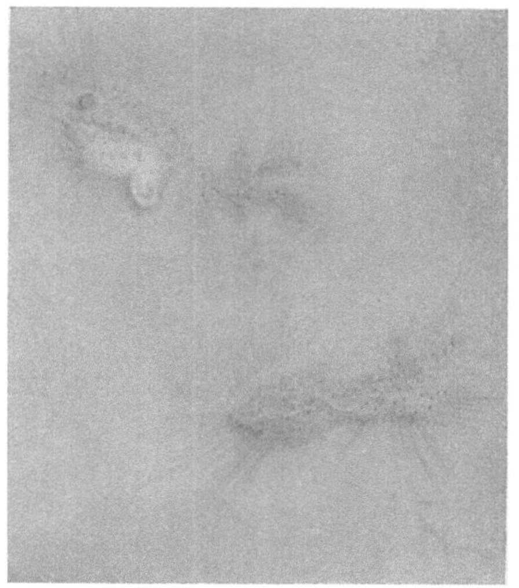

Abb. 16

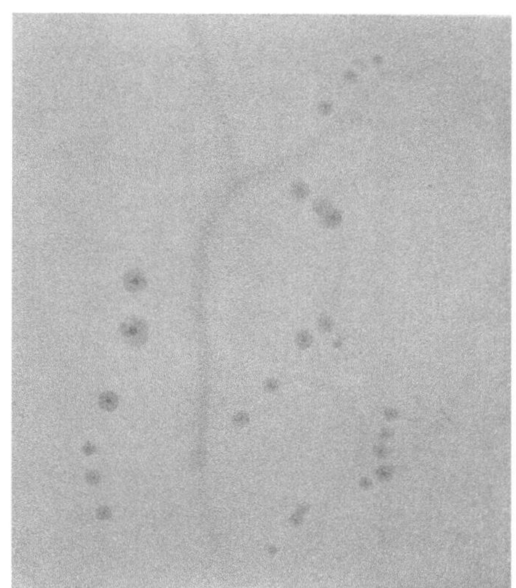

Abb. 17

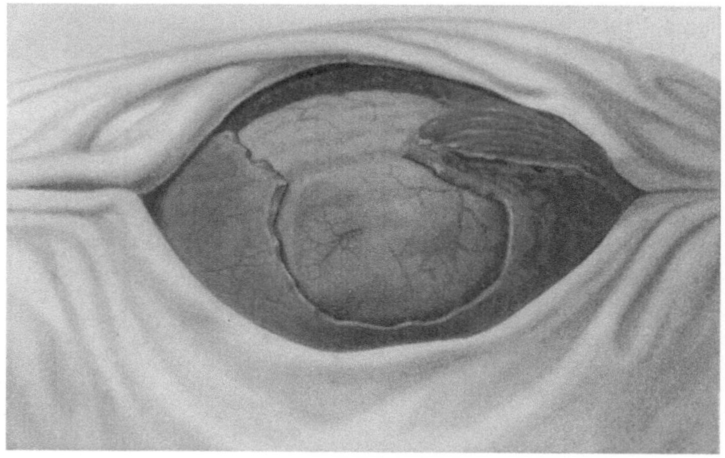

Abb. 18

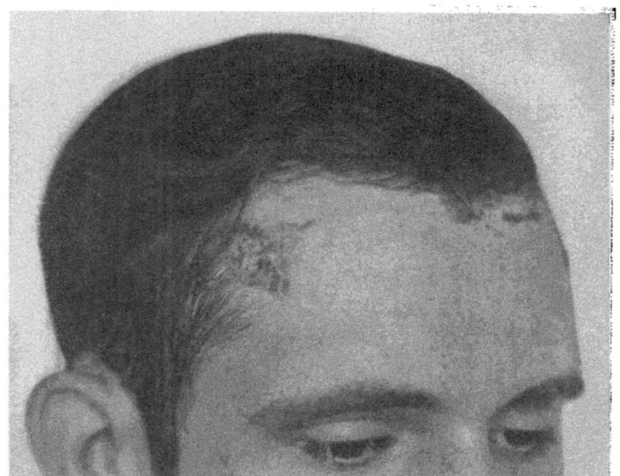

Abb. 19

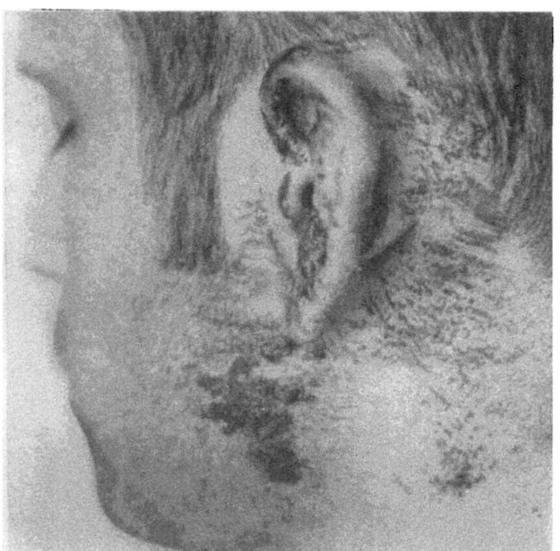

Abb. 20

Abb. 21

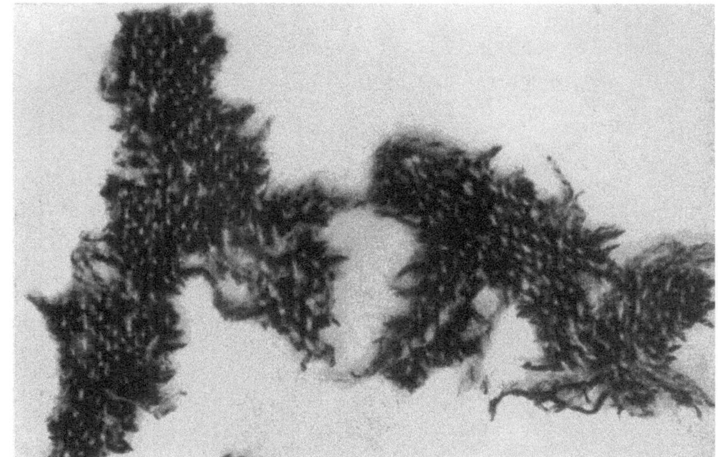

Abb. 22

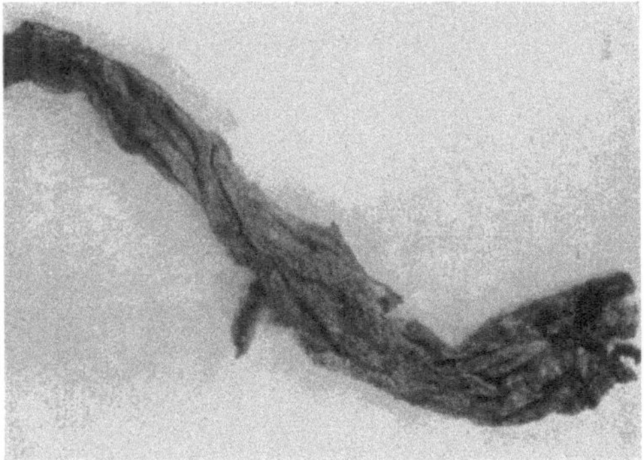

Abb. 23

Abb. 24

Abb. 25 a

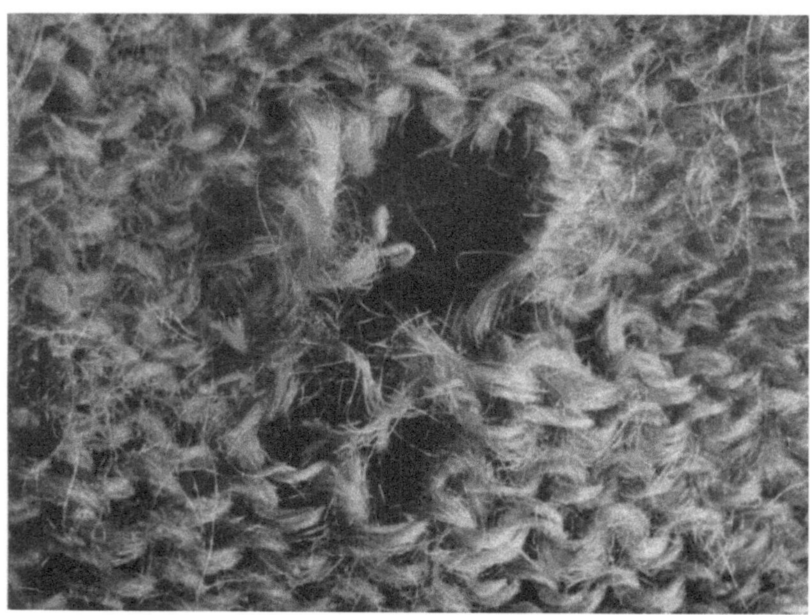

Abb. 25 b

Abb. 26

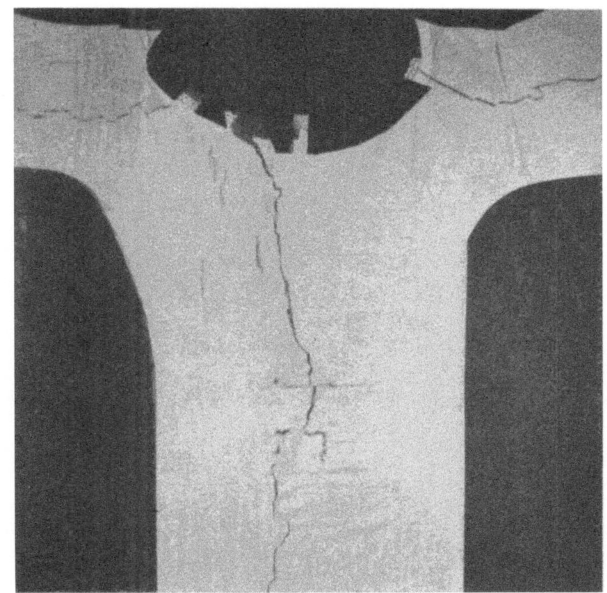

Abb. 27 a

Abb. 27 b

Abb. 28 a

Abb. 28 b

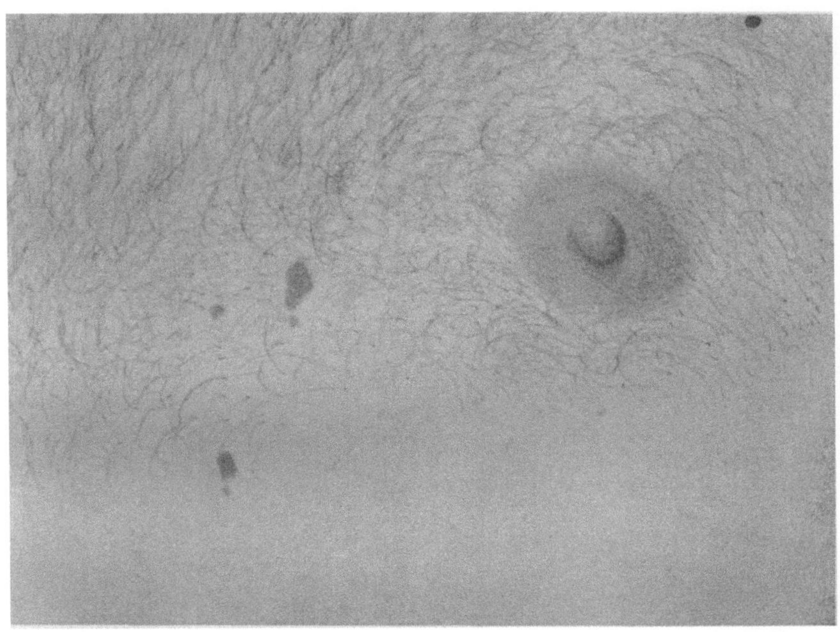

Abb. 1

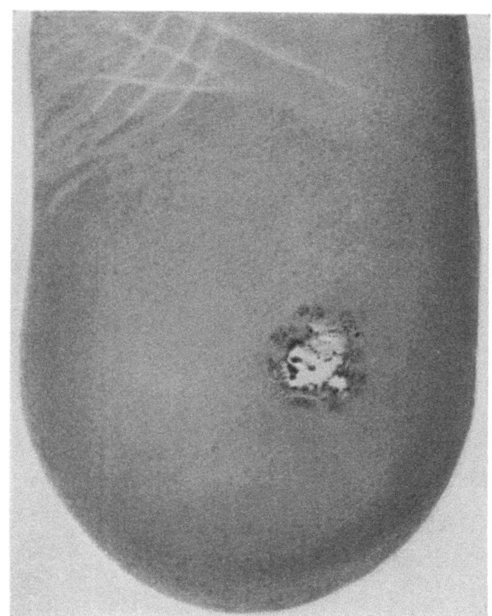

Abb. 2

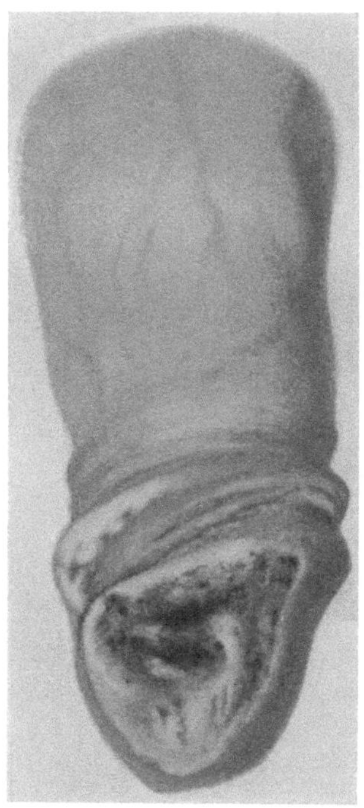

Abb. 3

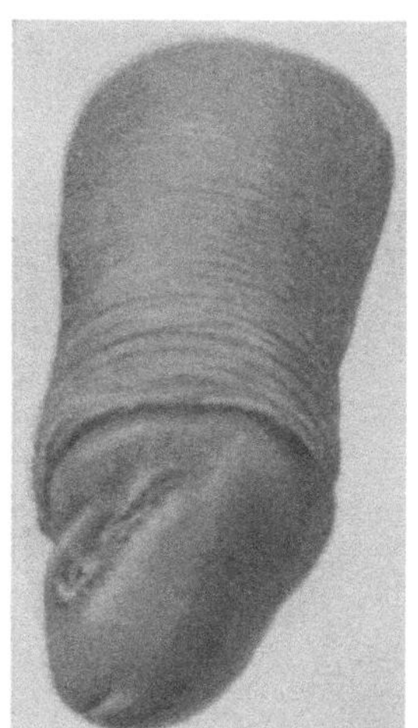

Abb. 4

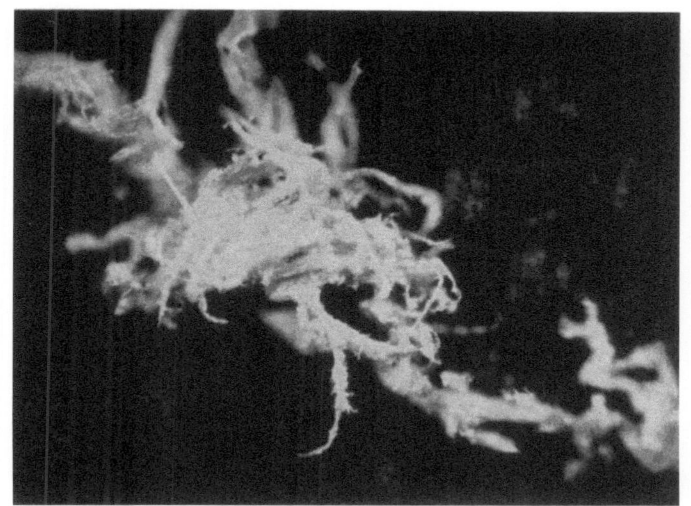

Abb. 5

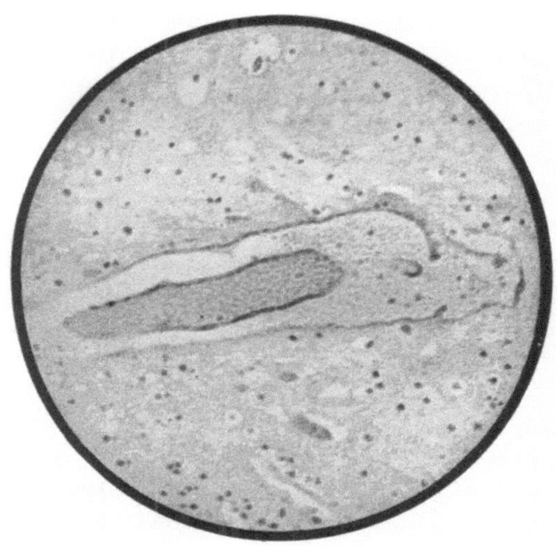

Abb. 6

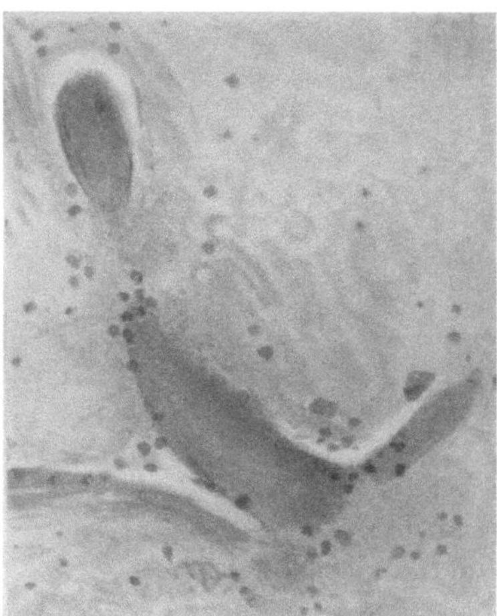

Abb. 7

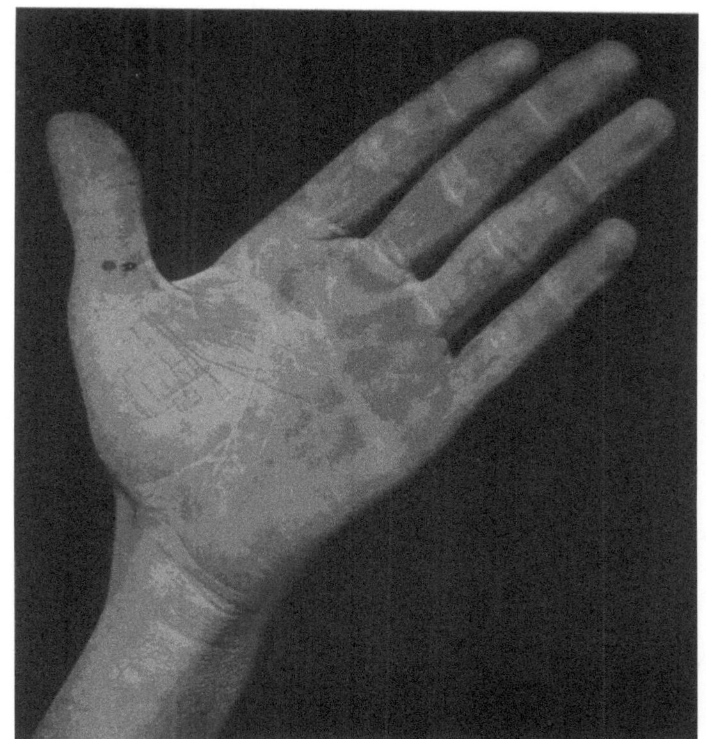

Abb. 8

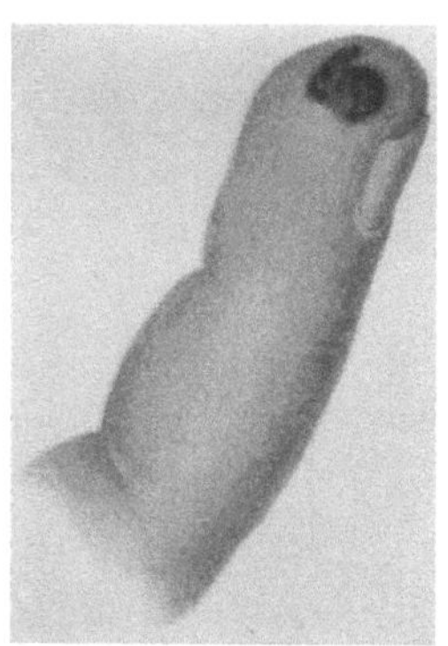

Abb. 9

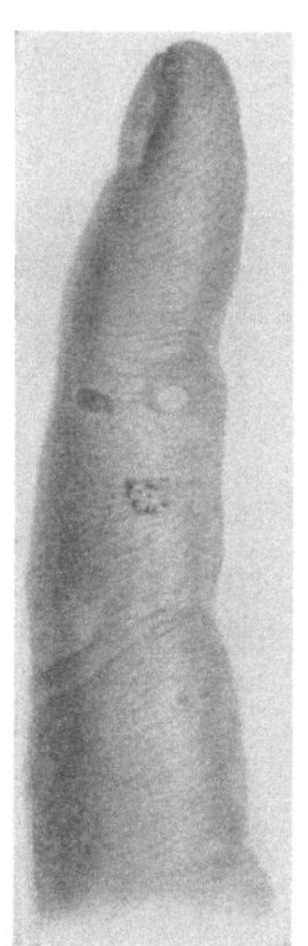

Abb. 10

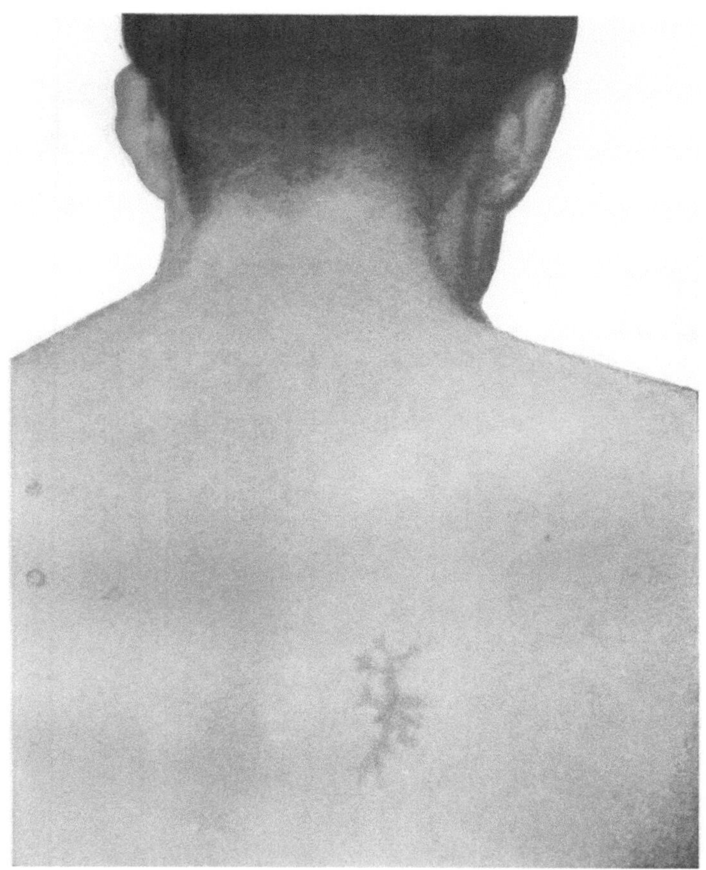

Abb. 11

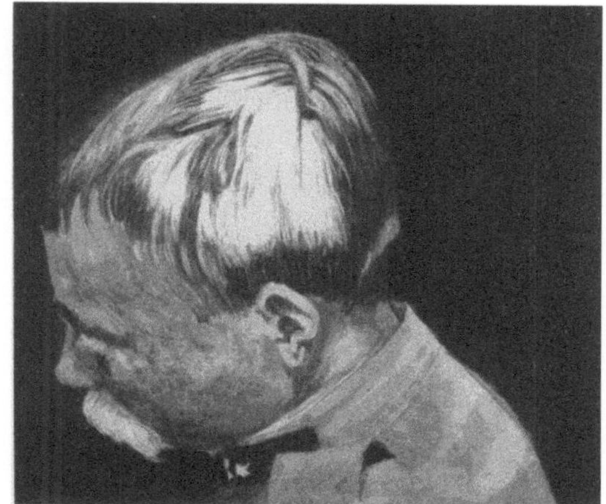

Abb. 12

Abb. 13

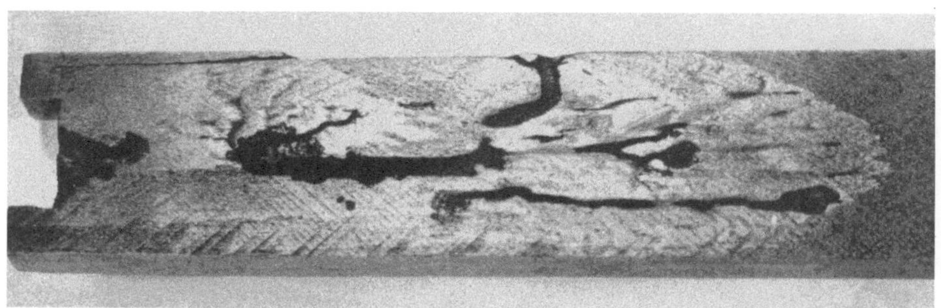

Abb. 14

Abb. 15

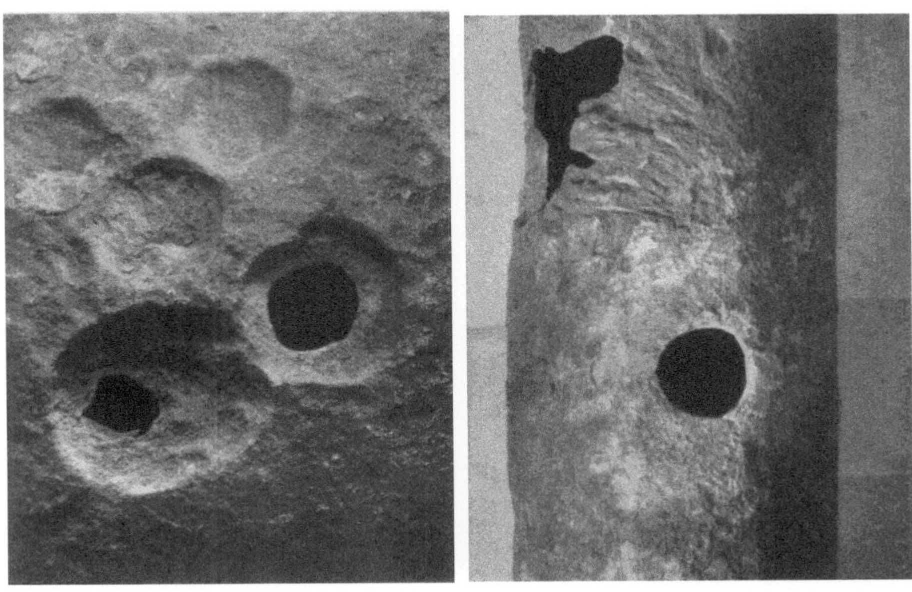

Abb. 16   Abb. 17

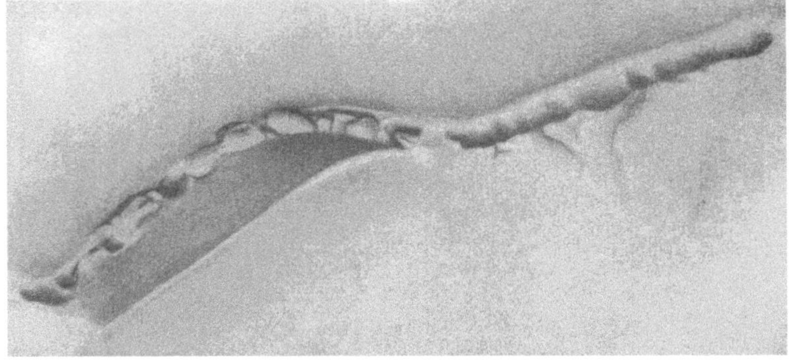

Abb. 18

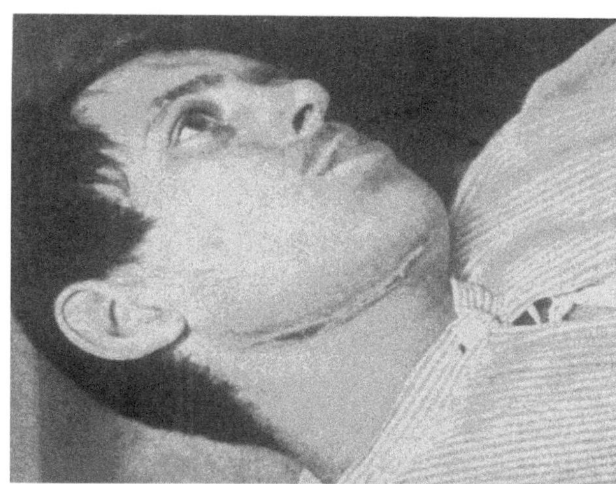

Abb. 21

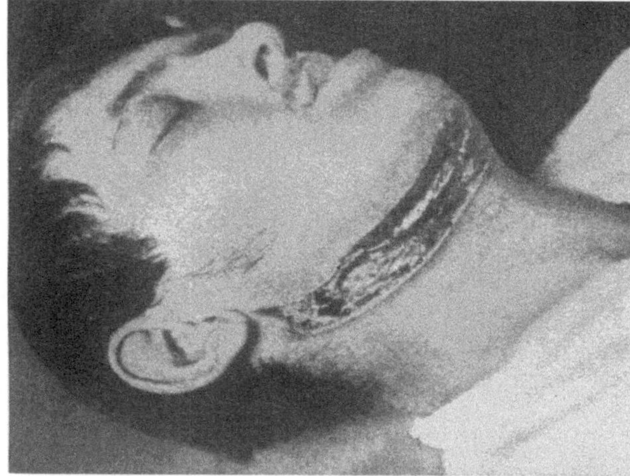

Abb. 20

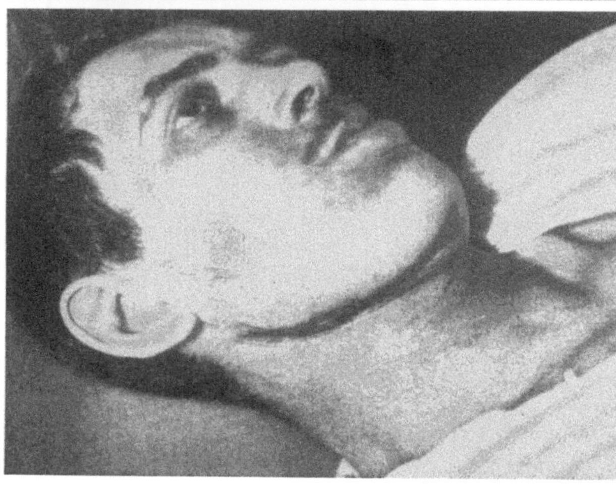

Abb. 19

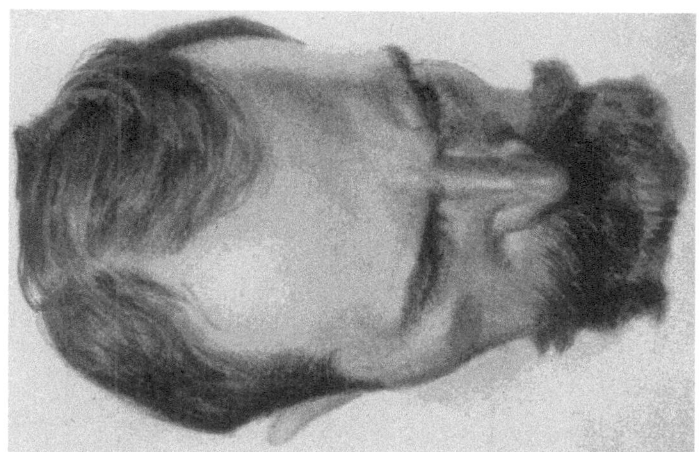

Abb. 24

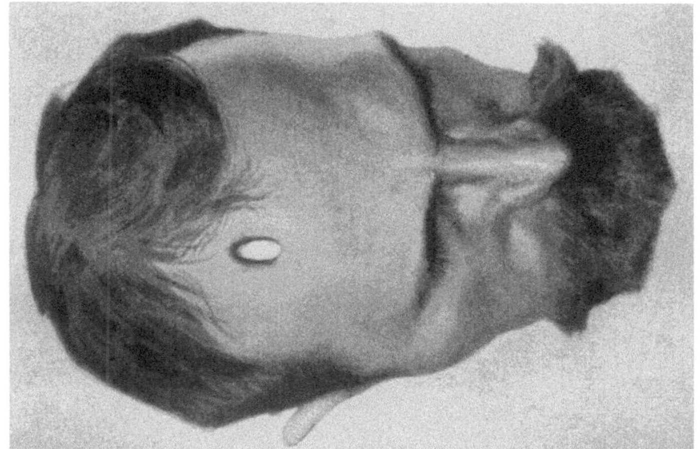

Abb. 23

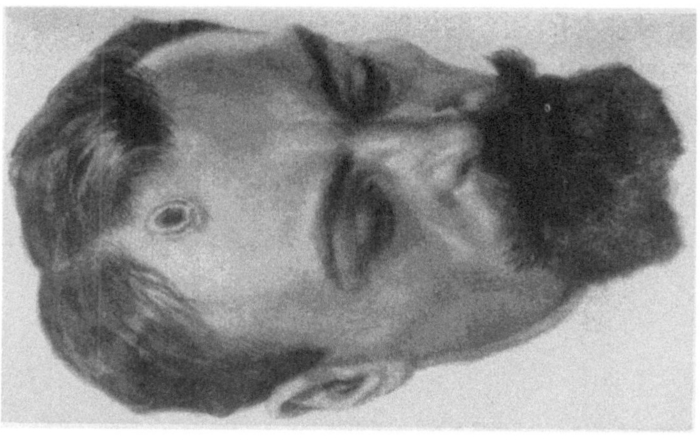

Abb. 22

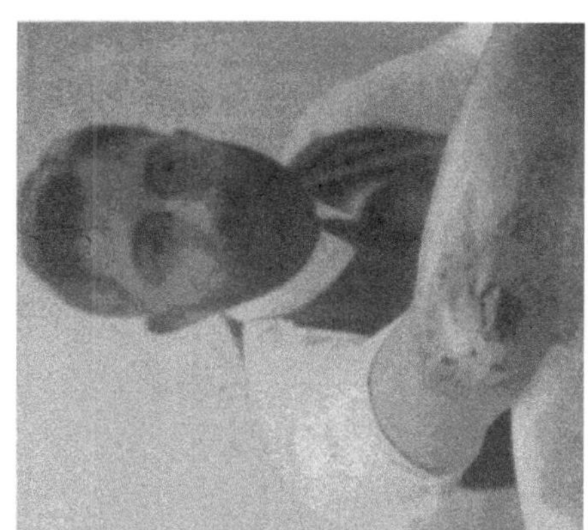

Abb. 27

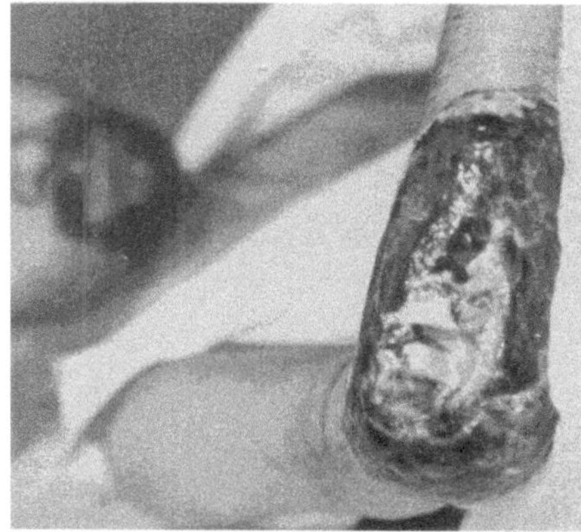

Abb. 26

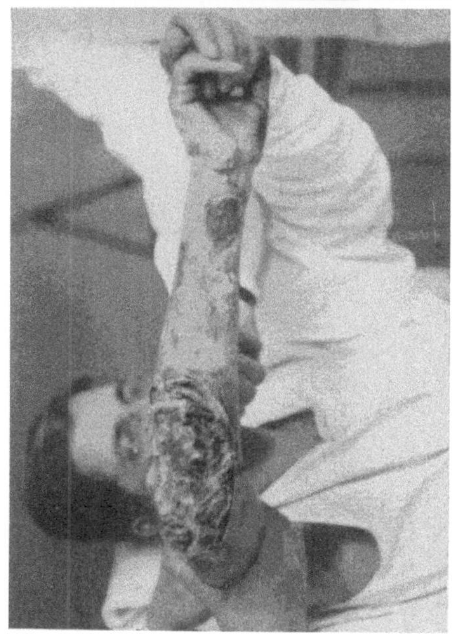

Abb. 25

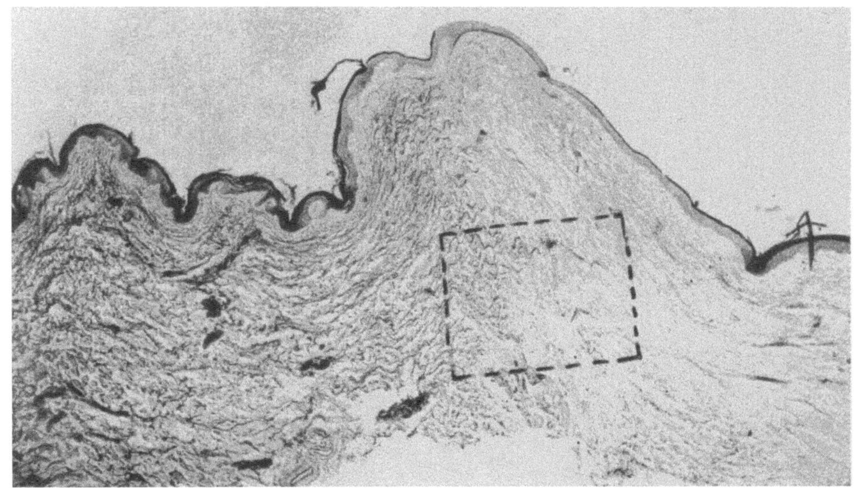

Abb. 28

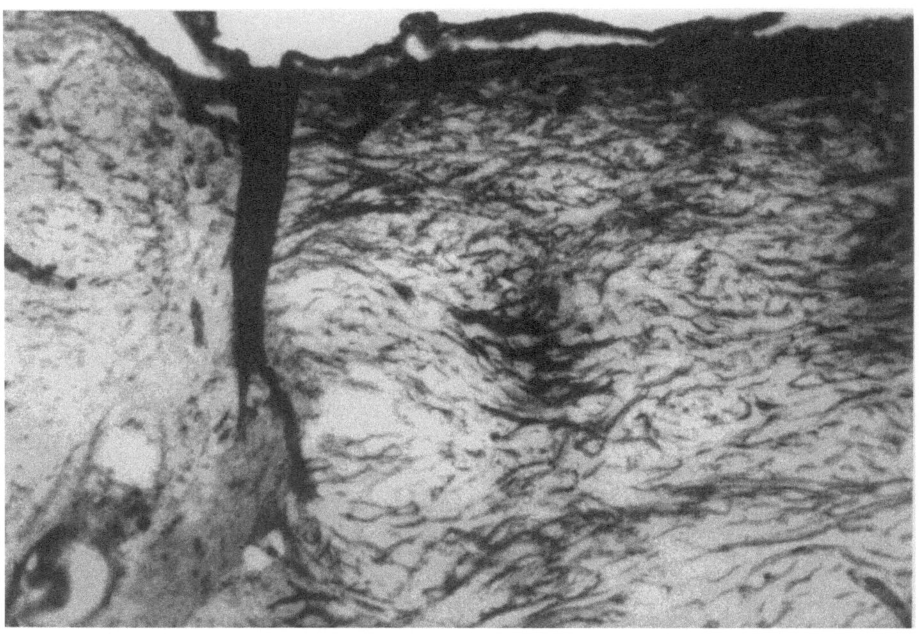

Abb. 29

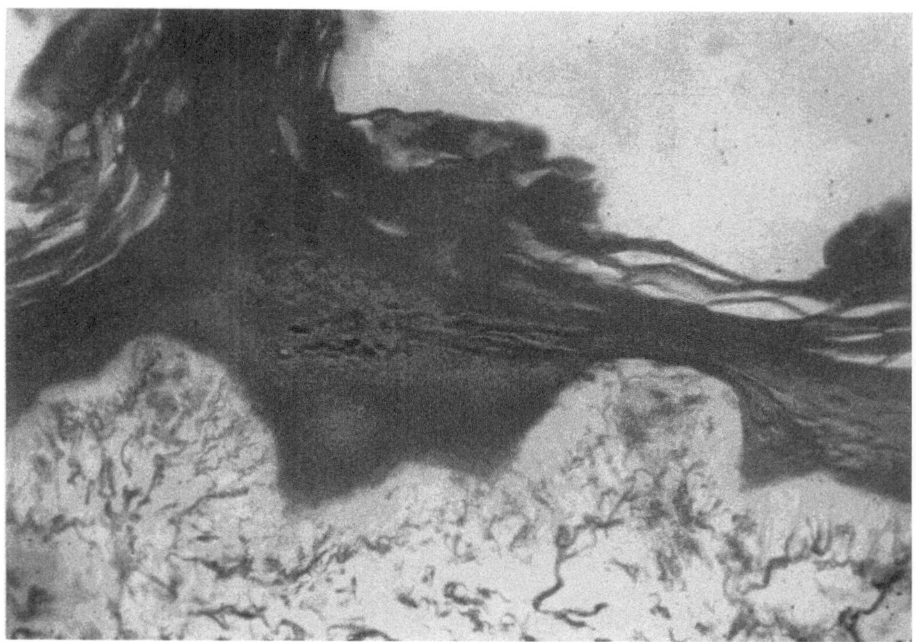

Abb. 30

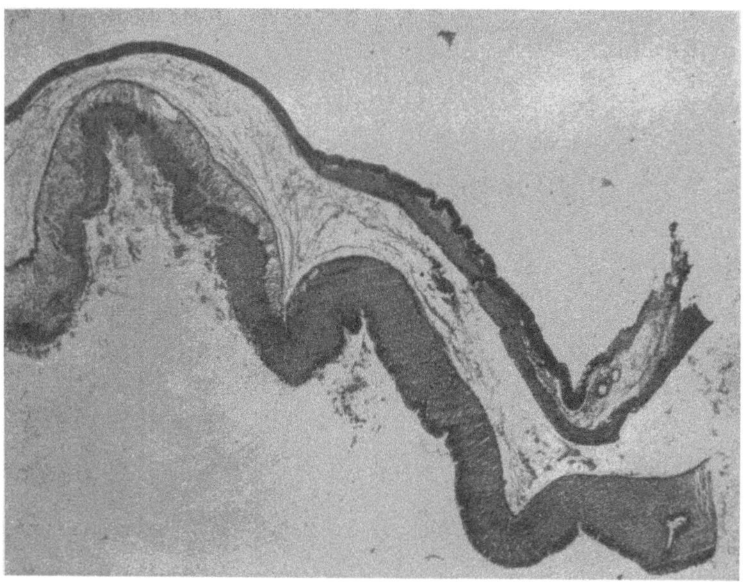

Abb. 31

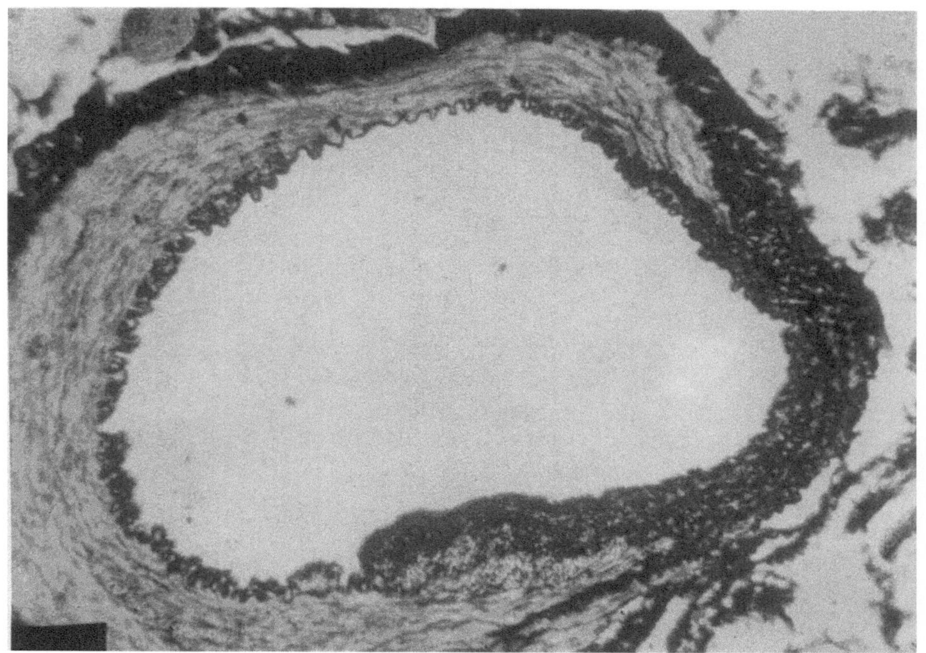

Abb. 32

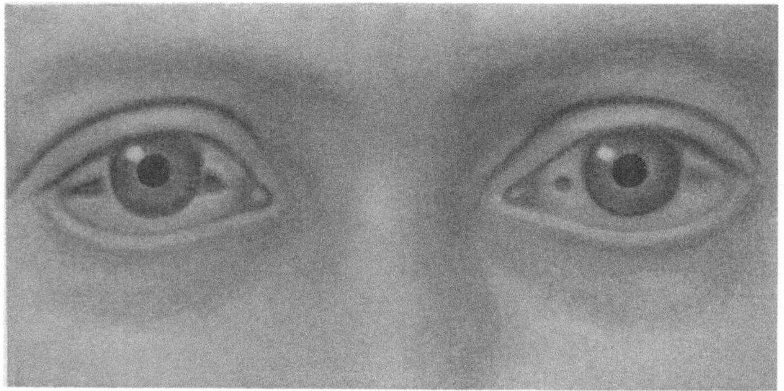

Abb. 33

Abb. 1

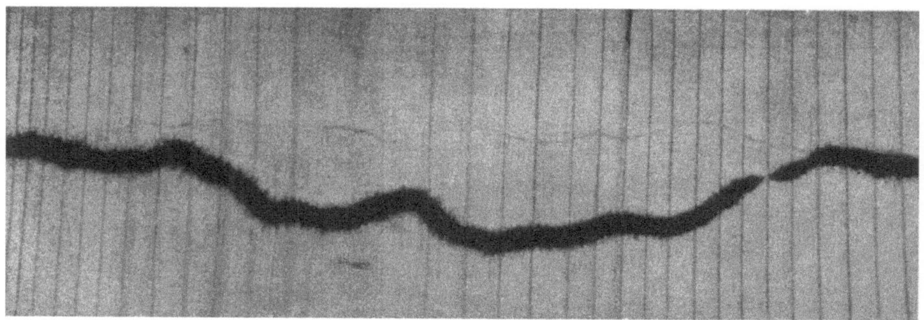

Abb. 2

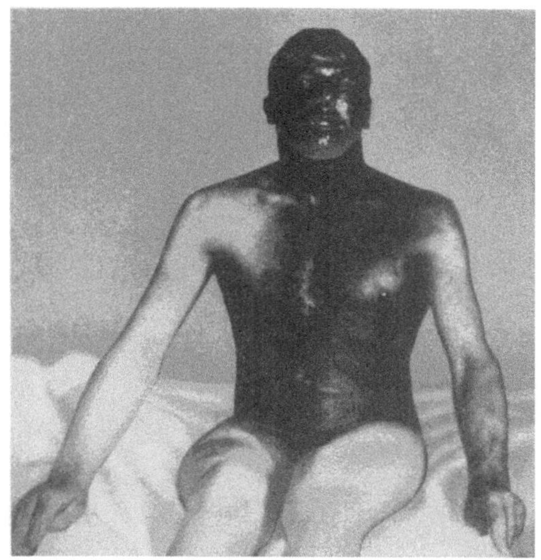

Abb. 3

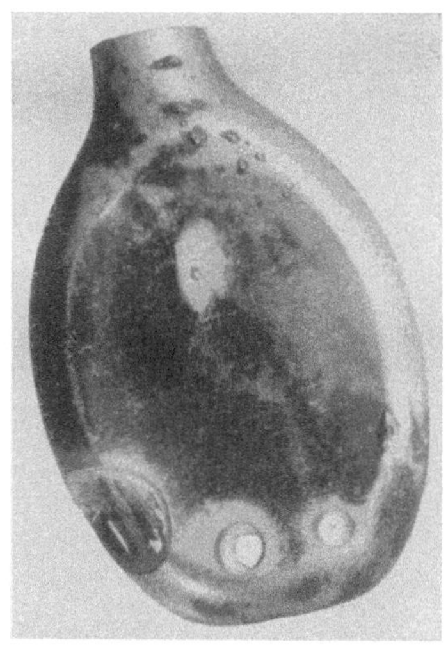

Abb. 4

16*

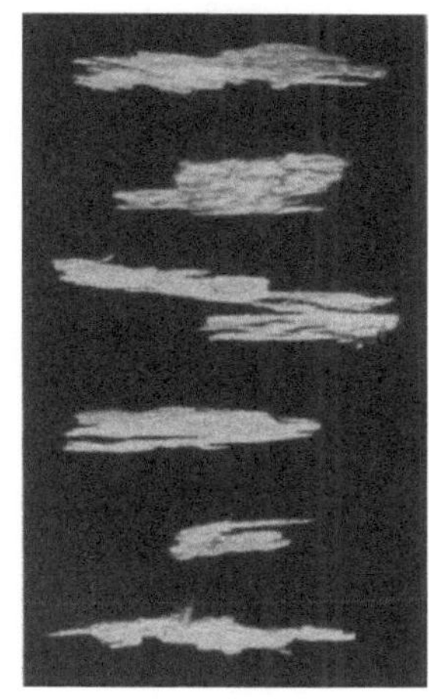

Abb. 5 a

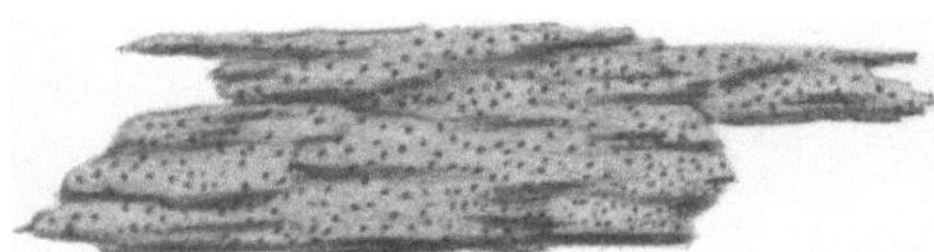

Abb. 5 b

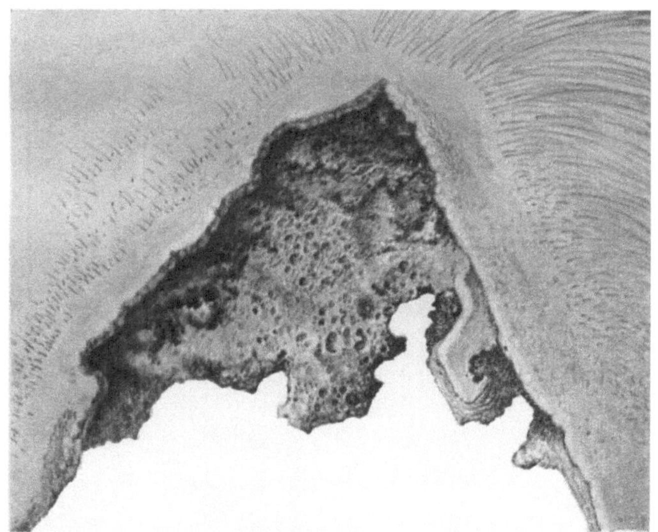

Abb. 6

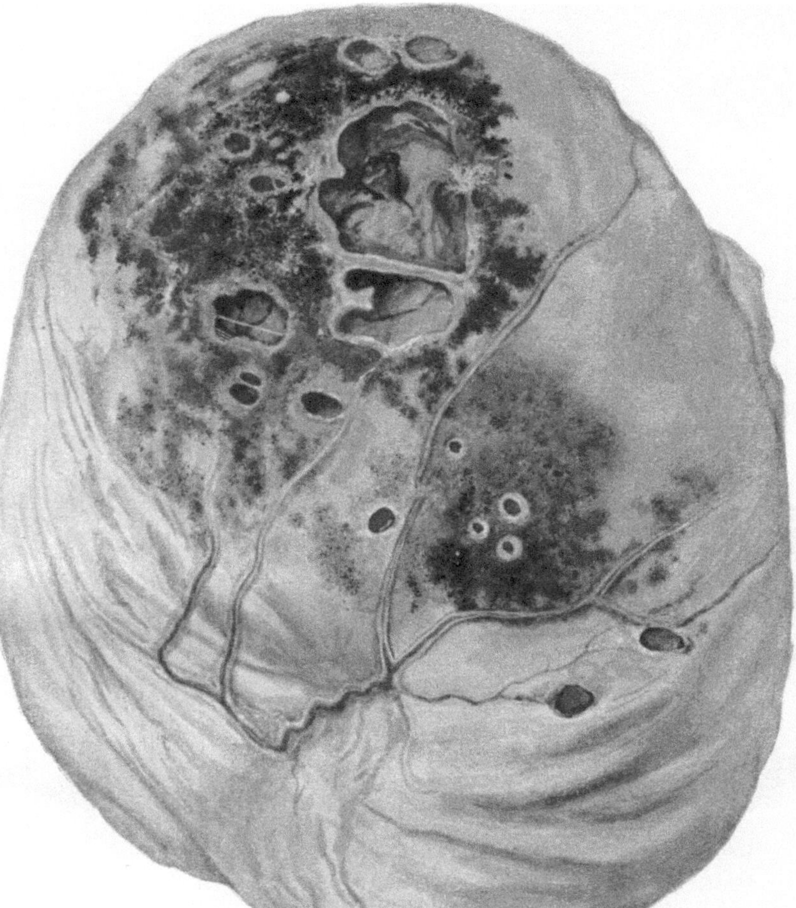

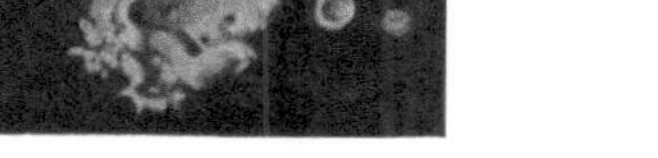

Abb. 7

Abb. 1

Abb. 2

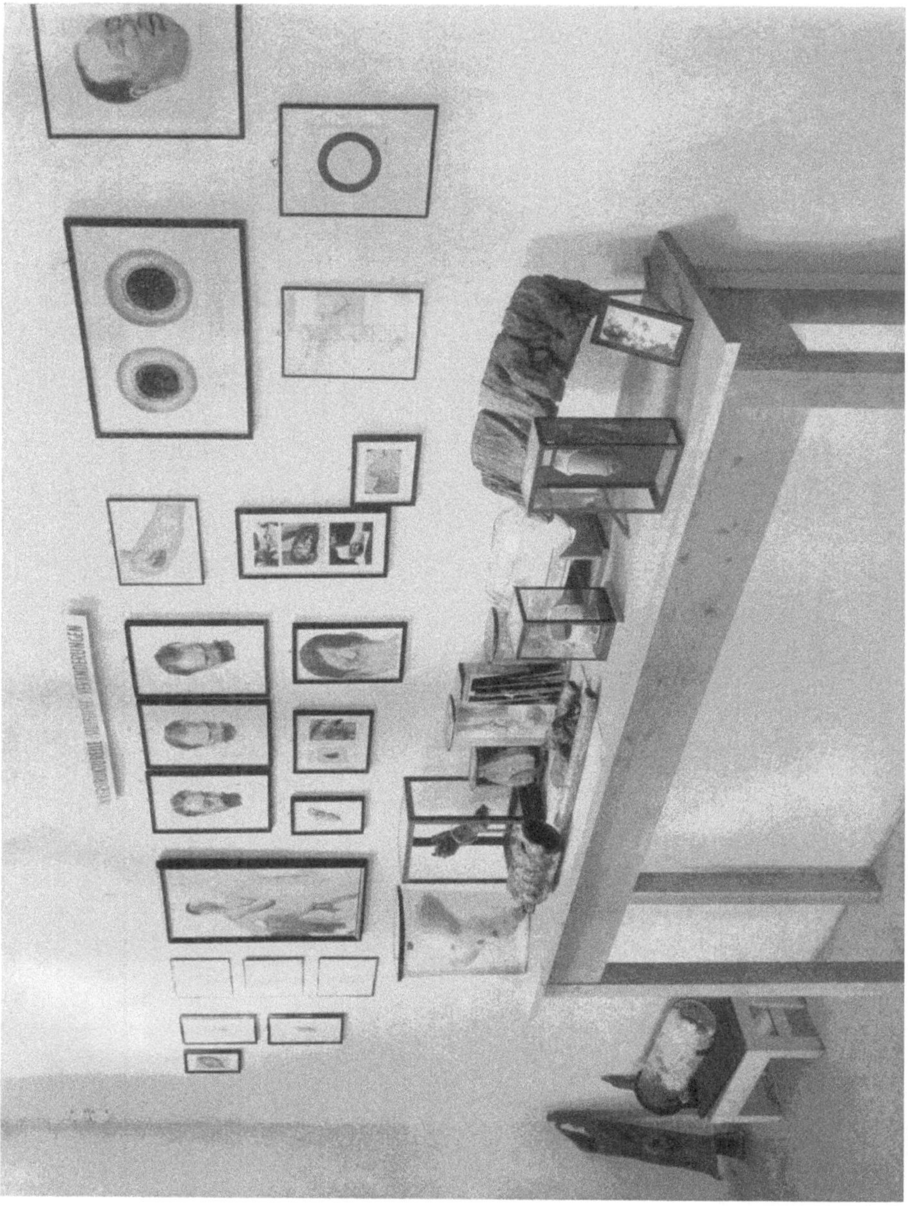

Abb. 3

Abb. 4

Abb. 5

Abb. 6

Abb. 7

Sachverzeichnis

Buchdruckerei Friedrich Jasper, Wien III, Tongasse 12

MIX
Papier aus verantwortungsvollen Quellen
Paper from responsible sources
FSC® C105338

If you have any concerns about our products,
you can contact us on
ProductSafety@springernature.com

In case Publisher is established outside the EU,
the EU authorized representative is:
Springer Nature Customer Service Center GmbH
Europaplatz 3, 69115 Heidelberg, Germany

Printed by Libri Plureos GmbH
in Hamburg, Germany